E-Book inside.

Mit folgendem persönlichen Code können Sie die E-Book-Ausgabe dieses Buches downloaden.

70181-r65p6-xu500-xj141

Registrieren Sie sich unter
www.hanser-fachbuch.de/ebookinside
und nutzen Sie das E-Book auf Ihrem Rechner*, Tablet-PC und E-Book-Reader.

Der Download dieses Buches als E-Book unterliegt gesetzlichen Bestimmungen bzw. steuerrechtlichen Regelungen, die Sie unter www.hanser-fachbuch.de/ebookinside nachlesen können.
* Systemvoraussetzungen: Internet-Verbindung und Adobe® Reader®

Sauer

Der Stellvertreter

Christian Sauer

DER STELLVERTRETER

Erfolgreich führen aus der zweiten Reihe

HANSER

Bibliografische Information der Deutschen Nationalbibliothek
Die Deutsche Nationalbibliothek verzeichnet diese Publikation in der Deutschen Nationalbibliografie; detaillierte bibliografische Daten sind im Internet über <http://dnb.d-nb.de> abrufbar.

Dieses Werk ist urheberrechtlich geschützt.
Alle Rechte, auch die der Übersetzung, des Nachdrucks und der Vervielfältigung des Buches, oder Teilen daraus, sind vorbehalten. Kein Teil des Werkes darf ohne schriftliche Genehmigung des Verlages in irgendeiner Form (Fotokopie, Mikrofilm oder ein anderes Verfahren), auch nicht für Zwecke der Unterrichtsgestaltung, reproduziert oder unter Verwendung elektronischer Systeme verarbeitet, vervielfältigt oder verbreitet werden.

© 2017 Carl Hanser Verlag München
www.hanser-fachbuch.de

Lektorat: Lisa Hoffmann-Bäuml
Herstellung: Thomas Gerhardy
Satz: Kösel Media GmbH, Krugzell
Umschlaggestaltung: Stephan Rönigk
Druck & Bindung: Friedrich Pustet, Regensburg
Printed in Germany

ISBN 978-3-446-44959-6
E-Book-ISBN 978-3-446-45069-1

Vorwort

Stellvertreterinnen und Stellvertreter gibt es in großer Zahl – fast so viele wie Führungskräfte. Nicht immer tragen sie auch offiziell diesen Titel. Aber in Unternehmen, Behörden und Verbänden haben die meisten Chefs jemanden, der sie vertritt, wenn sie selbst einmal krank, verhindert oder im Urlaub sind.

Das ist auch gut so. Denn wo es keine Stellvertreter gibt, bleiben schon kleine Entscheidungen liegen. Oder es befassen sich Leute damit, die nicht wissen, worum es geht und was sie entscheiden dürfen. Manchmal sind das Mitarbeiter, manchmal Führungskräfte aus der Nachbarabteilung. Immer fehlt es an Klarheit und sehr oft an Kompetenz.

Es ist so: Wo Stellvertreter fehlen, verlangsamen sich Arbeitsprozesse und sinkt die Qualität der Ergebnisse. Es gibt auch keinen Ansprechpartner, wenn in Abwesenheit des Chefs ein erwartbares Unglück passiert: Projektkrise, Beschwerden, Großkunde droht mit Eilauftrag. Ohne Stellvertreterin oder Stellvertreter ist eine Abteilung oder ein Betrieb nicht voll handlungsfähig, praktisch wie rechtlich, so lange, bis der Chef wieder auftaucht.

Aber Stellvertreter können noch mehr als Lücken schließen. Wenn es gut läuft, dann sind sie Teil der Führung. Sie übernehmen *dauernd* Mitverantwortung, nicht nur in Abwesenheit des Vorgesetzten. Sie bilden Tandems mit ihren Chefs und teilen die Aufgaben sinnvoll auf. Sie denken voraus, wenn der Chef gerade im Kleinkram feststeckt, und schaffen den Kleinkram weg, wenn der Chef gerade in einer Strategieklausur sitzt. Arbeitsteilige Stellvertretung nennt man das – und die ist ein Schlüssel zu guter Führung und zu guten Ergebnissen, zu Qualität und Ertrag.

Das wäre Grund genug, Stellvertretungspositionen in Unternehmen, Behörden, Verwaltungen, Kreativbetrieben zu schaffen und jene, die sie besetzen, sorgfältig aus- und fortzubilden. Es kommt aber noch etwas

Wesentliches hinzu: Hierarchische Führung, wie sie heute vorherrscht, weicht Stück für Stück einem neuen Führungskonzept, dem Führen ohne Macht.

Die hoch qualifizierten Wissensarbeiter, von denen so viel abhängt, lassen sich nicht mehr von Chefs herumscheuchen. Führung verliert zunehmend den Charakter von Kontrolle und Disziplinierung. Führung dreht sich zunehmend um die Frage: Was braucht ein Mitarbeiter, damit er motiviert und effizient arbeiten kann? Führungskräfte werden so zu Prozessunterstützern und Dienstleistern. Sie sollen nicht mehr von oben herab führen, sondern von der Seite. Das nennt man dann laterale Führung.

Wer praktiziert diese Art der Führung jeden Tag und lernt sie täglich ein bisschen besser? Das sind die Stellvertreter. Ihnen bleibt gar nichts anderes übrig, als freundlich, sachlich und mit Argumenten zu führen. Den Hammer, um einmal auf den Tisch zu hauen, mögen sie sich manchmal wünschen. Sie haben ihn nicht und müssen lernen, ohne Machtdemonstrationen auszukommen. Genau darin liegt die besondere Bedeutung der Stellvertreterpositionen: Sie sind ein Trainingscamp für die Führung der Zukunft. Denn die wird – zumindest zu einem großen Teil – eine Zukunft ohne Führung sein, also ohne eine hierarchiebetonte Führung, wie sie heute noch vorherrscht.

Umso erstaunlicher ist es, dass es bisher keinen Ratgeber für Stellvertreter gibt und nur wenige spezielle Weiterbildungsangebote. Man erwartet von Stellvertreterinnen und Stellvertretern offenbar, dass sie sich aus dem Fundus des allgemeinen Führungswissens bedienen, sich also das heraussuchen, was für sie passt. Aber da passt – bei genauem Hinsehen – gar nicht so viel. Auf viele Grundfragen der Führung brauchen Stellvertreter eine andere Antwort als Linienführungskräfte, vor allem auch in Bezug auf das alltägliche Führungsgeschehen: Fast immer wird der oder die Vorgesetzte anders zu Werke gehen als eine Stellvertreterin oder ein Stellvertreter. Ob man mit der vollen Verantwortung und Macht eines Chefs oder der eingeschränkten eines Stellvertreters führt, das macht einen enormen Unterschied.

Höchste Zeit, endlich einen Spezialratgeber für Stellvertreterinnen und Stellvertreter anzubieten. Ihre besondere Perspektive verdient es, ernst genommen zu werden. Dieses Buch ist eine Einführung in Führungswissen und Führungstechniken, die sich von der ersten bis zur letzten Zeile auf Stellvertreter ausrichtet. Es vermittelt kompakt und knapp alles nötige Know-how und Handwerkszeug für die Stellvertreteraufgabe. Das Buch zeigt in Übungen und Checklisten einen konkreten Weg zur Klärung akuter Praxisprobleme. Zugleich bietet es den Lesern ein Strategiecoaching an: Es führt Stellvertreter über mehrere Stufen durch den üblichen Verlauf ihrer Amtszeit, vom Start bis zu der Frage, wie es nach ein paar Jahren erfolgreicher Stellvertretung denn weitergehen soll.

Ein Grundgedanke ist dabei, dass Stellvertretung deutlich komplizierter ist als jede klassische Führungsaufgabe (Teamleitung, Abteilungsleitung, Bereichsleitung). Sich ohne klassische Disziplinargewalt und mit oft unklaren Kompetenzen im Führungsalltag zu bewähren, ist manchmal ein Höllenjob. Konflikte mit den Mitarbeitern und mit dem Chef bringt die Stellvertreterrolle automatisch mit. Umgekehrt ist Stellvertretung aber auch eine hervorragende Schule, für fortgeschrittene Führungsaufgaben und für die persönliche Weiterentwicklung.

Ich selbst habe einen solchen Ratgeber in meinen sieben Jahren als Stellvertreter vermisst – teilweise schmerzlich. Jetzt wünsche ich Ihnen viel Spaß mit diesem Buch und viel Erfolg als Stellvertreter!

Hamburg, Herbst 2016   *Christian Sauer*

P. S.: Es bläht den Text unnötig auf, wenn ich dauernd „Stellvertreterinnen und Stellvertreter" schreibe oder Schrägstriche einarbeite („Stellvertreter/innen"). Im Buchtext halte ich mich an die männliche Schreibweise, denke aber Sie, liebe Leserin, immerzu mit und bitte Sie um Verständnis.

Inhalt

Vorwort V

Schnelleinstieg:
Die sieben wichtigsten Tipps für erfolgreiche Stellvertreter ... XIII

1 **Grundwissen zur Stellvertretung** 1
1.1 Vor- und Nachteile der Position 2
1.2 Aufgaben des Stellvertreters 4
    1.2.1 Handeln anstelle des Chefs: In Vertretung (i. V.) 6
    1.2.2 Handeln im abgesprochenen Rahmen:
        Im Auftrag (i. A.) 7
    1.2.3 Weisungsbefugnis des Stellvertreters 8
1.3 Formeller Handlungsrahmen des Stellvertreters 9
1.4 Informeller Spielraum des Stellvertreters 11
1.5 Stellvertretung als Interaktion 15

2 **Faktoren für einen guten Start** 19
2.1 Einstieg und Einarbeitung 22
2.2 Klärung der Stellung des Stellvertreters 23
2.3 Startbedingungen von Nesthockern und Nestflüchtern 27
    2.3.1 Klärungsgespräch mit dem Chef 28
    2.3.2 Klärungsphase und Mitarbeiter 31
    2.3.3 Grundregeln für Klärungsgespräche 32
    2.3.4 Sichere Gesprächsführung mit dem V-Modell 33
2.4 Fit für den Alltag 37

3	**Umgang mit Chef und Team**	39
3.1	Dos and Don'ts für Stellvertreter	42
3.2	Umgang mit Wissenslücken und Unsicherheiten	44
3.3	Umgang mit Überlastungssituationen	48
3.4	Strategieplanung mithilfe der Stellvertretermatrix	50

4	**Moderieren und Motivieren**	57
4.1	Teambesprechungen	58
	4.1.1 Teambesprechungen in Anwesenheit des Chefs	59
	4.1.2 Finden des richtigen Rollenverständnisses mit dem Spielmachermodell	61
	4.1.3 Teambesprechungen in Abwesenheit des Chefs	65
	4.1.4 Stellvertreter als Spielmacher	68
4.2	Motivation von Mitarbeitern	71

5	**Souverän Führen und Delegieren**	77
5.1	Umgang mit Meinungsdifferenzen und Widerstand	79
	5.1.1 Mit Fragen führen	80
	5.1.2 Gesprächsführung aus dem V-Modus	82
5.2	Delegieren von Aufgaben	86
5.3	Stellvertreter als Empfänger von Delegationen	90
5.4	Stellvertretung als als gute Schule der Führung	93

6	**Langfristige Strategie entwickeln**	99
6.1	Vergütung von Stellvertretern	100
	6.1.1 Stellvertretung und Unternehmenskultur	101
	6.1.2 Kosten einer Stellvertretung	104
6.2	Wege zur Zufriedenheit	111
	6.2.1 Tücken des Kaminaufstiegs	119
	6.2.2 Gefahren von Putschfantasien	121
	6.2.3 Stellvertreter und die dunklen Seiten der Macht	122

7	**Handwerkszeug für Stellvertreter in Changeprozessen**	127
7.1	Phasen eines Changeprozesses	127
7.2	Aufgaben des Stellvertreters im Changeprozess	129
7.3	Rolle des Stellvertreters im Changeprozess	132
7.4	Stellvertreter und agiles Projektmanagement	134

7.5 Führungsinstrumente des Stellvertreters in Changeprojekten   140
7.6 Führen von Mitarbeitern in Veränderungsprojekten   141

Epilog   147

Literatur   151

Index   153

Autor   165

Schnelleinstieg: Die sieben wichtigsten Tipps für erfolgreiche Stellvertreter

1. **Klären Sie Ihre Rolle, Ihren Auftrag und Ihre Vollmacht.** Was will der Chef von mir? Was will ich von ihm? Ebenso: Was will das Team von mir? Was will ich vom Team?
2. Seien Sie ein **guter Mittler** zwischen den Interessen und Anliegen der Leitung sowie denen des Teams.
3. Finden Sie sich damit ab, dass Sie nicht Kapitän sind, sondern bestenfalls **Steuermann** und/oder **Maschinist**. Es bringt nichts, sich ständig an Einzelentscheidungen des Chefs zu reiben, die man selbst anders getroffen hätte. Respektieren Sie seine Leitungsrolle.
4. Verzichten Sie auf **zu große Nähe zum Team**. Ein Kuschelkurs oder gemeinsames Jammern über den Chef oder „die Verhältnisse" verschaffen Ihnen keinen Respekt.
5. Sichern Sie sich **eigene Arbeitsbereiche** in der Teamleitung, zum Beispiel bestimmte Planungsaufgaben, die Steuerung einzelner Prozesse, Projekte oder Besprechungen.
6. Schärfen Sie Ihr **Profil**, indem Sie auch einmal öffentlich **abweichende Meinungen** vertreten. Das verschafft Ihnen Standfestigkeit gegenüber dem Chef und Autorität gegenüber dem Team.
7. Verbessern Sie kontinuierlich Ihre **Kommunikationsfähigkeit** (differenzierte Gesprächsführung, Diplomatie, Verhandlungssicherheit). Denn das Gespräch ist Ihr wichtigstes Führungsinstrument.

1 Grundwissen zur Stellvertretung

Sie erfahren hier:
- was Stellvertreterpositionen attraktiv macht,
- welche Vorteile und welche Nachteile Stellvertreterpositionen haben,
- wie man die Befugnisse von Stellvertretern definieren kann,
- warum Stellvertretung eindeutig ein Führungsjob ist, und zwar ein ziemlich komplizierter.

Was Sie konkret für Ihre Praxis brauchen:
- Sie machen sich klar, in welchem Rahmen Sie als Stellvertreter handeln dürfen,
- Sie analysieren, welchen informellen Spielraum Sie als Stellvertreter haben,
- Sie entwickeln eine Strategie für Ihre Rolle als Stellvertreter.

Der Job eines Stellvertreters ist begehrt. Wer den Chef vertritt, erfährt interessante Details, kann Entscheidungen beeinflussen und sich mindestens ab und zu einmal in der Führungsrolle ausprobieren. Das motiviert. Und mehr Renommee bringt diese Zusatzfunktion auch mit sich.

Beispiel: Julie Zeller, 29, arbeitet in einem großen Software-Unternehmen. Sie hat sich in ihrem Programmierteam durch Fleiß, Organisationsgeschick und gute Ideen ausgezeichnet. Als der bisherige Stellvertreter des Abteilungsleiters in Ruhestand geht, wird sie gefragt, ob sie dessen Funktion übernehmen möchte. Frau Zeller denkt kurz nach und spricht mit guten Kollegen und Freunden:

- *Welche konkreten Aufgaben kommen auf sie als neue Stellvertreterin zu?*
- *Wie werden andere im Team, speziell die Älteren, die Nachricht aufnehmen?*
- *Kann sie sich vorstellen, noch enger mit ihrem Chef zusammenzuarbeiten?*

Frau Zeller bittet ihren Chef um ein zweites Gespräch. Sie holt sich Infos zur Aufgabenverteilung und bittet ihn um seine Einschätzung zur Reaktion des Teams. Der sagt: „Gut, dass Sie sich solche Gedanken machen, aber das wird schon alles glatt gehen." So ganz sicher ist sich Frau Zeller da nicht, dennoch gibt sie ihm am nächsten Tag das Signal: „Ich mach das!" Ein mulmiges Gefühl bleibt, aber sie freut sich auf die neue Aufgabe und denkt sich, dass sie vielleicht dauerhaft einmal selbst eine Abteilung leiten möchte. Da wird sie doch als Stellvertreterin viel lernen können!

Kein Wunder, dass Frau Zeller zusagt. Sie hat den Reiz und die Chance sofort erfasst. Aber sie hat auch kurz innegehalten und sich ein paar wichtige Fragen gestellt. Ihr ist klar, dass der Stellvertreterjob kein reines Zuckerschlecken ist.

1.1 Vor- und Nachteile der Position

Tatsächlich handelt es sich bei der Stellvertretung um eine besonders ausgeprägte Sandwichposition: Viele Stellvertreter fühlen sich regelrecht eingequetscht zwischen den Ansprüchen von oben (zum Beispiel: „Sorg dafür, dass die Mitarbeiter tun, was ich will!") und denen von unten (zum Beispiel: „Bring dem Chef bei, dass es so nicht geht!"). Die Arbeit als Stellvertreter oder Stellvertreterin hat eben Vorteile und Nachteile.

Vorteile der Stellvertreterposition:
- mehr Renommee,
- mehr Informationen über Strategien und Entscheidungen der Leitungsebene,
- Teilnahme an wichtigen Besprechungen,
- mehr Macht, zumindest in Abwesenheit des Chefs, und generell mehr Einfluss,
- Teilhabe an der Führung, ohne selbst die volle Verantwortung zu tragen.

Nachteile der Stellvertreterposition:
- mehr Verantwortung und Stress als in der Mitarbeiterrolle, oft verbunden mit Zeitproblemen,
- Sonderstellung im Team und deshalb teilweise Misstrauen seitens der Mitarbeiter,
- Abhängigkeit vom Verhalten und vom Wohlwollen des Chefs,
- Klagemauerfunktion, weil die Mitarbeiter beim Stellvertreter ihre Sorgen abladen,
- eigene Leistung als Stellvertreter ist nach außen kaum sichtbar.

Wer eine Stellvertreterposition angeboten bekommt, sollte abwägen: Wie wahrscheinlich ist es, dass sich die Vorteile wirklich so einstellen? Können Sie mit den möglichen Nachteilen leben?

Frau Zeller befürchtet, dass manche Teammitglieder auf Distanz zu ihr gehen könnten, weil sie ja als Stellvertreterin sozusagen auf der Seite des Chefs steht. Bisher hatte sie zu praktisch allen im Team ein gutes Verhältnis. Sie fragt sich: „Würde ich auf Dauer mit Kritik, Misstrauen und vielleicht sogar Anfeindungen klarkommen?" Ein Freund sagt ihr dazu: „Willst du dir von irgendwelchen Neidhammeln deine Karriere verbauen lassen?" Eine andere Ratgeberin meint: „Das ist ja bis jetzt nur Fantasie. Geh doch erst einmal davon aus, dass die Kollegen dich auch weiterhin akzeptieren." Beides leuchtet Frau Zeller ein. Letztlich ist die Aussicht auf Teilhabe an einer Führungsposition für sie zu reizvoll, als dass sie ihren Befürchtungen nachgeben möchte.

Es ist richtig und wichtig, sich etwas Zeit für die Entscheidung über eine Stellvertreterfunktion zu nehmen. Wie Sie im Laufe dieses Buches sehen werden, ist die Aufgabe eines Stellvertreters komplizierter, als man zunächst denkt. Mag auch nicht jede Befürchtung vom Anfang später so eintreffen, die Stellvertreterrolle bringt doch Probleme mit sich, die man anfangs nicht überschauen kann. Sie ist genau genommen sogar schwieriger als etwa die eines Abteilungsleiters, also einer sogenannten Linienführungskraft. Denn die Linienführungskraft weiß, wo ihre Entscheidungsverantwortung anfängt und aufhört und sie hat die sogenannte Weisungsbefugnis gegenüber den Mitarbeitern. Beides trifft auf einen Stellvertreter so klar nicht zu.

Das sollte aber niemanden reflexartig zurückzucken lassen. Stellvertreter zu sein, kann eine spannende und erfüllende Aufgabe sein. Es ist eine verantwortungsvolle Rolle, die viel zum Teamerfolg beitragen kann. Und es ist oft tatsächlich der Einstieg in weitere Führungsaufgaben – schon deshalb, weil man als Stellvertreter auf dem Radar der nächsthöheren Managementebene erscheint.

Mehr noch: Ein engagierter Stellvertreter bereitet sich nebenbei auf viele Aspekte einer „normalen" Führungsposition vor. Manche, die diesen Karriereschritt später wirklich vollziehen, erleben den Aufstieg zum Abteilungsleiter oder Bereichsleiter dann als Entlastung: Endlich eindeutig Chef sein! Das geht ja ganz leicht! Aber das ist für frischgebackene Stellvertreter wie Frau Zeller noch weit weg. Ihr steht eine anstrengende Zeit bevor, in der sie allerdings auch große Lern- und Entwicklungsschritte machen kann.

■ 1.2 Aufgaben des Stellvertreters

Warum gibt es eigentlich Stellvertretungen? Die wichtigste Begründung: Damit der Betrieb reibungslos weiterläuft, wenn der Chef einmal krank oder im Urlaub ist. Genauer bedeutet das: In einer Abteilung oder einer Organisation müssen zu jedem Zeitpunkt Entscheidungen fallen können. Gemeint sind hier zunächst kleine Entscheidungen. Jeden Tag gibt es organisatorische Fragen oder dringende Probleme (zum Beispiel Fehler und Beschwerden), die möglichst sofort geklärt werden müssen. Stellvertretung bedeutet zuallererst, diese kleinen Steine aus dem Weg zu räumen, wenn der Chef es gerade nicht kann.

Aus der Sicht des Teams heißt Stellvertretung also: „Wir können weiterarbeiten, wenn der Boss nicht da ist." Aus der Sicht des Chefs: „Ich kann ruhig einmal weg sein. Der Laden läuft weiter." Aus der Sicht der Gesamtorganisation oder der externen Partner und Kunden: „Die Abteilung ist jederzeit ansprechbar und funktioniert."

Die zentrale Aufgabe aller Stellvertreter ist es, den Betrieb am Laufen zu halten, wenn die zuständige Führungskraft abwesend ist.

Das ist eine recht enge Definition der Stellvertreteraufgaben. Im Umkehrschluss würde das ja bedeuten: Die Zuständigkeit des Stellvertreters endet automatisch, sobald der Chef anwesend ist, und sie berührt auch nur kleinere Entscheidungen im Alltag. Denn mit allem anderen, etwa mit Richtungsentscheidungen, haben Stellvertreter nichts zu schaffen.

Doch das wäre zu schwarz-weiß gemalt. Jeder kennt Stellvertreter, die auch in Anwesenheit des Chefs eine hervorgehobene Rolle spielen und die mitentscheiden, wenn es um große Projekte und die künftige Ausrichtung geht. Manche scheinen gar eine Art Generalbefugnis zu haben und machen zu können, was sie für richtig halten. Sie sind eine Art Chef-neben-dem-Chef. Tatsächlich müssen wir den Merksatz durch einen zweiten ergänzen:

 Stellvertreter können sehr weitgehende Zuständigkeiten und Befugnisse innehaben. Das ist jedoch Verhandlungssache zwischen Chef und Stellvertreter oder bildet sich in gelebter betrieblicher Praxis heraus.

Und daraus ergibt sich automatisch ein dritter Merksatz:

 Eine allgemeingültige Definition, wie die Aufgaben und die Rolle eines Stellvertreters zu verstehen sind, gibt es nicht.

Für Sie als amtierende oder künftige Stellvertreter bedeutet das: Alles ist möglich. Der Normalfall wäre, dass Chef und Stellvertreter die Befugnisse des Stellvertreters miteinander aushandeln und dies schriftlich festhalten, in einem sogenannten Geschäftsverteilungsplan. Tun sie das aber aus irgendwelchen Gründen nicht, dann stellt sich trotzdem mit der Zeit heraus, welche Befugnisse der Stellvertreter hat. Die praktische Zusammenarbeit von Tag zu Tag und Monat zu Monat wird es zeigen. Auch das ist eine Rollenklärung.

Die Rollenklärung gehört also zu jeder Stellvertreterposition dazu. Sie verläuft jedes Mal anders und selten konfliktfrei. Kein Wunder, denn beim Thema Stellvertretung geht es ja um lauter Reizthemen: um Macht,

Ansehen, Wertschätzung, um die Arbeitsbelastung und sogar um Geld (in Form von Zulagen). Es wäre schon sehr erstaunlich, wenn Chef und Stellvertreter sich rasch, geräuschlos und auf Dauer über die Details ihrer Zusammenarbeit einig würden. In der Praxis zeigt sich, dass eine solche Einigung meist nicht reibungsfrei zustande kommt und nicht allzu lange hält. Dann steht wieder eine neue Klärungsrunde an.

1.2.1 Handeln anstelle des Chefs: in Vertretung (i. V.)

Die betriebliche Organisationslehre liefert uns keine klare Definition der Stellvertretung, aber es lassen sich doch Orientierungspunkte finden. Einer davon ist die Rechtslage. Juristisch gesehen bedeutet Stellvertretung zunächst einmal: Da wandern für eine bestimmte Zeit oder einen bestimmten Zweck die Befugnisse einer Person A zu einer Person B. Person B handelt dann anstelle von Person A. „In Vertretung (i. V.)" sagen die Juristen. Es ist so, als würde B tatsächlich an die Stelle von A treten und auf dessen Stuhl Platz nehmen, wodurch sich As Befugnisse auf B übertragen. Bs Entscheidungen haben in dieser Situation rechtlich etwa den gleichen Stellenwert wie die von A.

Diese Stellvertretung i. V. ist die sogenannte Primäraufgabe eines Stellvertreters. In dieser Funktion vertritt er tatsächlich den Chef, wenn dieser krank, in Urlaub oder die Chefstelle vakant ist. Hier hat der Stellvertreter tendenziell weite Befugnisse. Jedoch sollte er, wenn der Chef einmal drei Tage auf Fortbildung ist, keine Personalentscheidungen treffen, keine Abmahnungen verteilen oder Verträge über Riesensummen unterschreiben. Disziplinarische Angelegenheiten sowie die juristische Außenvertretung sind in solchen Fällen fast immer tabu. Fällt der Chef aber drei Monate komplett aus, können sogar eine Neueinstellung oder ein Vertragsabschluss sinnvoll und richtig sein.

Grundsätzlich ist der Stellvertreter i. V. befugt und manchmal sogar verpflichtet, alles Notwendige zu tun, damit der laufende Betrieb der Abteilung oder des Unternehmens gesichert ist. Wenn Gefahr im Verzug ist oder wenn bei Nichthandeln böse Nachteile drohen, können das Entscheidungen von sehr großer Tragweite sein. Der Stellvertreter hat i. V. eine bedingte Generalbefugnis.

1.2.2 Handeln im abgesprochenen Rahmen: im Auftrag (i. A.)

Die zweite Art der Stellvertretung, welche die Juristen kennen, heißt „i. A.", also „im Auftrag". Sie hat eine kleinere Dimension und sie ist der Normalfall, denn meist ist der Chef nicht allzu lange weg oder für wichtige Entscheidungen per Smartphone greifbar. Handelt der Stellvertreter i. A., dann geschieht dies in einem gewissen Rahmen, der vorher abgesprochen wurde; zumindest erscheint der Rahmen aus dem Zusammenhang klar.

Normalerweise gehören i. A.-Aktionen eines Stellvertreters nicht zum allerengsten Führungshandeln des Chefs. Der Stellvertreter darf i. A. nicht disziplinarisch gegen Mitarbeiter vorgehen – jedenfalls nicht ohne sehr enge Absprache mit dem Chef. Ebenso darf er keine Verträge mit externen Partnern unterzeichnen. Denn der Chef ist ja nicht längere Zeit außer Gefecht. Es droht auch keine Gefahr. Also soll der Chef solche wichtigen Rechtsgeschäfte bitte selbst vollziehen.

Ausnahme wäre, dass ein Chef auch solche Dinge, zum Beispiel Vertragsverhandlungen und -abschlüsse, komplett an seinen Stellvertreter delegiert hätte. Aber das kommt in der Praxis so gut wie nie vor. Vielmehr geht es i. A. meist um Organisationsaufträge („Sorgen Sie dafür, dass ..."), Informationsbeschaffung („Kriegen Sie einmal raus, wer ...") oder Projektaufgaben („Erarbeiten Sie dazu einmal ein Konzept und stellen Sie es mir und dem Team vor."). Es versteht sich von selbst, dass der Stellvertreter den i. A.-Rahmen nicht ohne Weisung oder ohne besonderen Anlass überschreiten darf, denn sonst drohen Konflikte mit dem Chef und schlimmstenfalls sogar juristischer Ärger mit dem Unternehmen. Er würde sich damit selbst sozusagen haftbar für die Folgen seiner Entscheidung machen. Was nicht klug wäre, denn ansonsten genießt der Stellvertreter bei i. A.-Handlungen das Privileg, nur eingeschränkt rechtlich haftbar zu sein.

Der Unterschied zwischen i. A. und i. V. ist zentral für einen Stellvertreter, auch wenn diese Bezeichnungen im Alltag so gut wie nie eine Rolle spielen. Kaum ein Stellvertreter würde etwa E-Mails oder Briefe mit i. A. oder i. V. zeichnen. Dennoch sollte er wissen: In einer i. V.-Situation ist sein Spielraum größer als in einer i. A.-Situation.

Wenn man selbst nicht so genau weiß, welche Funktion man gerade mehr ausübt, sollte man Rat beim Chef oder notfalls beim nächsthöheren Vorgesetzten suchen. So vermeidet man, den üblichen Handlungsrahmen zu verlassen und Entscheidungen zu treffen, die der Situation nicht angemessen sind.

Wer als Stellvertreter handelt, sollte sich fragen, ob er gerade i. V. oder i. A. tätig ist. Manchmal lohnt es sich, das mit Hilfe anderer zu klären. Das gibt dem Stellvertreter wichtige Hinweise auf seinen Handlungsrahmen.

Im Normalfall gilt i. A. und besteht folglich ein eher enger Handlungsrahmen. Bei längerer Abwesenheit des Chefs und bei Dringlichkeit gilt grundsätzlich i. V. Sich das immer wieder bewusst zu machen, sollte einen Stellvertreter allerdings nicht dazu veranlassen, sich selbst dauern auszubremsen. Solange er nicht grob fahrlässig oder vorsätzlich seinen Handlungsrahmen überschreitet, solange er also plausibel begründen kann, warum er eine Entscheidung getroffen hat, kann ihm rechtlich nicht viel passieren. Weil der rechtliche, der formale Handlungsrahmen nicht hundertprozentig klar definierbar ist, kann ein Stellvertreter seinen informellen Spielraum meist eher offensiv interpretieren. Genaueres dazu in den beiden folgenden Abschnitten.

1.2.3 Weisungsbefugnis des Stellvertreters

Vorher aber noch ein Wort zu einer Gretchenfrage, die Stellvertreter häufig stellen: „Bin ich eigentlich weisungsbefugt gegenüber den Mitarbeitern meines Teams"? Darauf gibt es zwei richtige Antworten. Zum einen: Ja, wenn Sie i. V. handeln oder i. A. in einem Rahmen, den Sie sauber mit Ihrem Chef geklärt haben, dann dürfen Sie Anweisungen erteilen und die Mitarbeiter sind gehalten, diesen Folge zu leisten. Zum anderen jedoch: Ein kluger Stellvertreter reizt diese eher theoretische Befugnis nicht aus, oder wenn, dann nur nach ausführlicher Rücksprache mit dem Chef oder anderen Ratgebern und nur im Ausnahmefall.

I. V. mag ein solcher Fall etwas häufiger vorkommen als i. A., letztlich aber tut ein Stellvertreter gut daran, es nicht darauf ankommen zu lassen. Schriftliche Anweisungen oder gar Abmahnungen taugen nicht für den Führungsalltag. Sie sind Eskalationsstufen für Konflikte, die anders nicht mehr lösbar erscheinen. Das gilt für Linienvorgesetzte, aber umso mehr für Stellvertreter.

Ein Stellvertreter, der schriftliche Anweisungen verteilt, hat ein Problem mit der Akzeptanz im Team – oder er wird es sehr bald bekommen. Die Weisungsbefugnis mag also eine wichtige Karte im eigenen Blatt sein, aber man gewinnt das Spiel eher, wenn man sie nicht auf den Tisch legt. Das gilt besonders vor dem Hintergrund des Trends zur kooperativen und zur kollegialen Führung (auf den wir am Ende dieses Buches zu sprechen kommen): Selbstbewusste Mitarbeiter, die sich ihre Arbeitgeber aussuchen können, lassen sich ungern mit Drohungen und Anweisungen disziplinieren.

1.3 Formeller Handlungsrahmen des Stellvertreters

Schauen wir uns einmal an, welchen formellen Handlungsrahmen Stellvertreter in ihren Betrieben oder Behörden ganz praktisch von den Chefs eingeräumt bekommen. Formell heißt hier: Das ist so besprochen oder zumindest allen Beteiligten aus der Praxis klar. Hier lassen sich fünf Stufen unterscheiden:

A) **Stellvertretung ohne Benennung und Befugnis:**

Dieser Stellvertreter ist eigentlich keiner. Der Chef hat ihm einmal unter vier Augen gesagt, er solle „einmal ein Auge auf alles haben", während er selbst, also der Chef, im Urlaub ist. Sonst weiß davon offiziell niemand. Der Chef ruft aus dem Urlaub täglich an und trifft sogar kleine Entscheidungen selbst. Der inoffizielle Stellvertreter versteht dann meist selbst nicht, was er eigentlich soll und darf.

B) **Stellvertretung ohne klare Befugnis:**

Dieser Stellvertreter ist zwar dem Team gegenüber benannt worden, aber wenn man ihn etwas fragt, sagt er recht oft: „Da muss ich einmal den Chef fragen." Mit dem war nie zu klären, welchen Handlungs- und Entscheidungsrahmen es gibt. Einmal beschwert sich der Chef, dass der Stellvertreter nichts entschieden hat, dann wieder, dass er zu viel entschieden hat – und macht dann alles rückgängig.

C) **Stellvertretung in Abwesenheit:**

Dieser Stellvertreter tritt nur bei längerer Abwesenheit des Chefs in Erscheinung, also bei Krankheit und Urlaub. Für diesen Fall allerdings weiß er, welchen Handlungsrahmen er hat. Das haben sein Chef und er vorher besprochen und im Idealfall sogar schriftlich festgehalten.

D) **Stellvertretung bei Verhinderung:**

Dieser Stellvertreter ist immer dann im Amt, wenn der Chef gerade nicht anwesend oder nicht greifbar ist (z. B. in einer Besprechung). Alle wissen: In diesem Fall beschäftigt sich der Stellvertreter mit allen anstehenden Problemen und Fragen. Vieles entscheidet er selbst, besonders dicke Brocken legt er beiseite und bespricht sie zeitnah mit dem Chef.

E) **Arbeitsteilige Stellvertretung:**

Hier haben wir es mit einem Leitungsteam zu tun, bei dem der Chef sich lediglich das letzte Wort vorbehält. Alle wichtigen Entscheidungen werden gemeinsam getroffen, und zwar – zumindest nach außen hin – im Konsens. Man kann mit jedem Problem zu beiden kommen. Die Mitarbeiter haben fast immer den Eindruck, dass zwischen Chef und Stellvertreter kein Blatt passt. Gelegentliche Differenzen klären die beiden meistens unter vier Augen.

Übung: Erkennen und Prüfen des formellen Handlungsrahmens

Zeitbedarf: 10 bis 15 Minuten

In Bild 1.1 sehen Sie eine Verlaufsskala mit den fünf Stufen A bis E. Denken Sie an Ihren (derzeitigen oder künftigen) Stellvertreterjob. Markieren Sie auf dem Pfeil einmal den formellen Handlungsrahmen, den Sie in dieser Rolle haben (bzw. voraussichtlich haben werden).

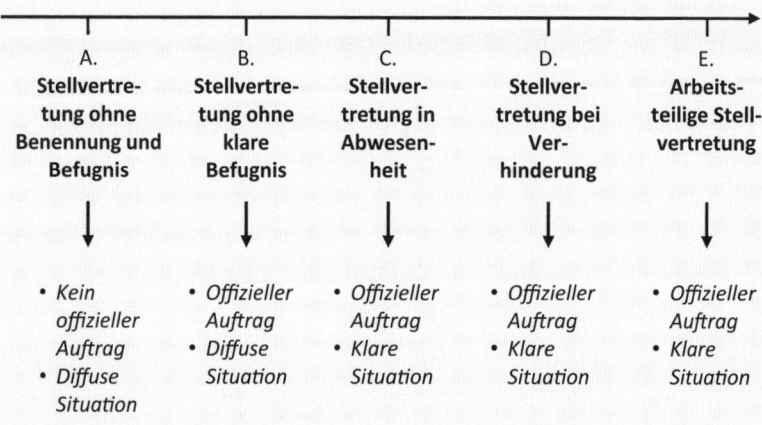

Bild 1.1 Verlaufsskala zu den fünf Stufen des Handlungsrahmens

Fragen zur Auswertung:
1. Finden Sie persönlich diesen Handlungsrahmen gut so? Ist er dem angemessen, was Sie persönlich leisten können oder wollen?
2. Ist er stimmig zu den Anforderungen, die an Sie als Stellvertreter gestellt werden?
3. Zeichnen Sie den Handlungsrahmen gegebenenfalls einmal so ein, wie er Ihnen angemessen erscheint.
4. Was könnten Sie gegebenenfalls tun, um Ihren Handlungsrahmen entsprechend zu verändern?

Wie gelangt man vom momentanen Handlungsrahmen zu dem gewünschten Handlungsrahmen? Wenn der Handlungsrahmen nach Ansicht des Stellvertreters nicht zu den Anforderungen des Jobs und zu seinen persönlichen Vorstellung passt, dann gibt es zwei Veränderungspfade:
- Erstens kann der Stellvertreter versuchen, mit seinem Chef oder anderen Beteiligten eine bessere Lösung auszuhandeln.
- Zweitens kann er sein eigenes Verhalten in kleinen Schritten ändern und beobachten, wie die anderen Beteiligten – allen voran der Chef – darauf reagieren.

Fast immer gelingt es so, Schritt für Schritt etwas zu verbessern. (Nähere Hinweise zu diesen beiden Veränderungspfaden finden Sie in den folgenden Kapiteln.)

1.4 Informeller Spielraum des Stellvertreters

Frau Zeller merkt schon bald nach Antritt ihres Stellvertreteramtes, dass ihr Chef ihr in raschem Tempo neue Aufgaben auf den Tisch legt. Bei vielen davon weiß sie aber nicht, wie sie diese anpacken soll und was sie unterwegs selbst entscheiden darf.

Sie versucht das in einem Gespräch zu klären. Aber ihr Chef bleibt in seinen Aussagen schwammig: „Natürlich dürfen und sollen Sie selbst Entscheidungen treffen. Aber es gibt natürlich Ausnahmen", sogar ziemlich viele, wie sich dann herausstellt. Ihr Chef möchte immer dann einbezogen werden, wenn Konflikte mit Mitarbeitern oder anderen Abteilungen drohen. Frau Zeller weist ihn darauf hin, dass das ja eigentlich dauernd der Fall ist. Aber da spielt der Chef die möglichen Verwicklungen gleich wieder herunter. Eine klare Linie ist bei ihm gerade nicht zu erkennen.

Nach dem Gespräch sagt sich Frau Zeller, dass sie einfach auch einmal etwas entscheiden muss. Wenn es Probleme gibt, muss sie eben im Nachhinein klären, was schief gelaufen ist. Jedenfalls kann sie nicht dauernd auf ihren Chef schielen, findet sie, sonst nimmt ja niemand sie ernst. Sie will nun zwar vorsichtig vorgehen und auf mögliche Konflikte achten, aber ihre neuen Aufgaben trotzdem beherzt anpacken.

Mit ihrer Entscheidung, nicht nur zu reden, sondern auch zu handeln, löst sich Frau Zeller bereits von der rein formellen Betrachtung. Der formelle Handlungsrahmen eines Stellvertreters richtet sich vor allem danach, was zwischen dem Stellvertreter und seinem Chef festgelegt ist und was dem Team mitgeteilt wurde. Es gibt aber noch einen weiteren Maßstab, um das schwammige Phänomen Stellvertretung zu fassen zu kriegen, das ist der informelle Spielraum. Dieser wird nur im Ausnahmefall offen zwischen Chef und Stellvertreter besprochen und dann festgelegt. Normalerweise zeigt sich einfach in der Praxis, welcher Spielraum da ist. Für neue Stellvertreter ist das sowohl ein Problem als auch eine Chance.

Der informelle Spielraum eines Stellvertreters lässt sich wiederum in fünf Ausbaustufen beschreiben:

a) **Titelträger:**

Dieser Stellvertreter hat eine komplett unklare Rolle. Alle wissen: Seine Entscheidungen gelten nicht, selbst wenn sie in Abwesenheit des Chefs und „im Auftrag" fallen. Niemand nimmt diesen Stellvertreter ernst, alle warten drauf, dass der Chef zurückkommt. Das kann an der Inkompetenz oder Schwäche des Stellvertreters liegen oder an der Dominanz und Unachtsamkeit des Chefs. So oder so sind alle genervt.

b) **Chefvertreter:**

Dieser Stellvertreter tritt nur in Erscheinung, wenn der Chef abwesend ist. Dann tut er das Notwendige in einem eng gesteckten Rahmen. Er versteht sich als Dienstleister am Team und im besten Sinne als Diener seines Herrn. Im Normalbetrieb reiht er sich wieder ins

Team ein. Seine Entscheidungen werden in der Regel vom Chef und von den Mitarbeitern respektiert – solange sie nicht doch irgendwelche Grundsatzthemen berühren.

c) **Zweiter Mann:**

Dieser Stellvertreter nimmt seine Rolle dauernd ernst – und das ist auch vom Chef so gewünscht oder akzeptiert. Er wird über alles Wichtige informiert und die Mitarbeiter sprechen ihn auch auf viele Leitungsthemen an. Offiziell übernimmt er Leitungsaufgaben jedoch nur in Abwesenheit des Chefs.

d) **Koleitung:**

Dieser Stellvertreter ist eine starke Figur: stets informiert, bei wichtigen Terminen immer dabei, leitet er gemeinsam mit dem Chef die Abteilung. Die beiden sprechen sich häufig ab und versuchen, an einem Strang zu ziehen – was manchmal zu heftigen Konflikten führt, die aber unter vier Augen ausgetragen werden. Dieser Stellvertreter hat darüber hinaus eigene Leitungsprojekte, die er unabhängig vom Chef betreut.

e) **Graue Eminenz:**

Dieser Stellvertreter ist stärker als der Chef. Die Mitarbeiter glauben erst, was er bestätigt hat, und handeln erst, wenn er genickt hat. Für ihn spielt es keine Rolle, dass der Chef in Entscheiderrunden sitzt und Verträge unterschreibt. Die Weichen stellt er – im Hintergrund. Wie es dazu gekommen ist? Eine lange Geschichte, die mit Kompetenz und Inkompetenz, aber auch mit geschickter Machtpolitik zu tun hat …

 Übung: Erkennen und Prüfen des eigenen informellen Spielraums

Zeitbedarf: 10 bis 15 Minuten

In Bild 1.2, sehen Sie wieder eine Verlaufsskala mit den fünf Stufen a bis e. Denken Sie an Ihren (derzeitigen oder künftigen) Stellvertreterjob. Markieren Sie den informellen Spielraum, den Sie in dieser Funktion haben (oder vermutlich haben werden).

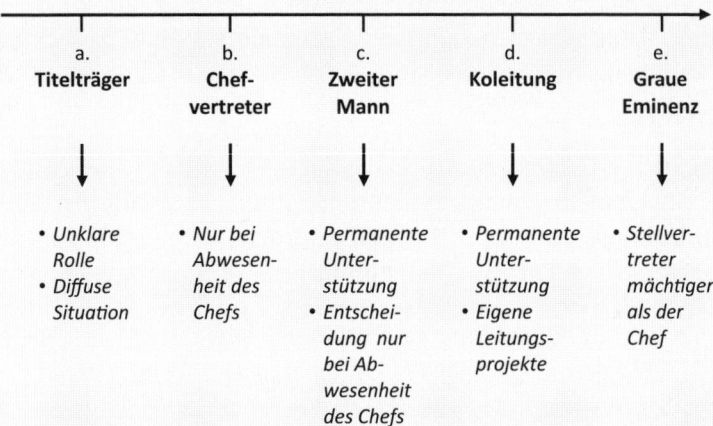

Bild 1.2 Verlaufsskala zu den fünf Ausbaustufen des informellen Spielraums

Fragen zur Auswertung:
1. Finden Sie persönlich diesen Spielraum gut so? Ist er dem angemessen, was Sie persönlich leisten können oder wollen?
2. Ist der Spielraum stimmig zu den Anforderungen, die an Sie als Stellvertreter gestellt werden?
3. Zeichnen Sie gegebenenfalls den Spielraum auf der Skala einmal so ein, wie er Ihnen angemessen erscheint.
4. Was könnten Sie gegebenenfalls tun, um Ihren Spielraum entsprechend zu verändern?

Wenn Sie Ihren informellen Spielraum klären oder erweitern möchten, helfen Ihnen gezielte Gespräche mit dem Chef (also Gespräche über das „Wie" der Zusammenarbeit) kaum weiter. Sie können zum Beispiel nicht mit Ihrem Chef darüber reden, ob er Ihnen eine Rolle als graue Eminenz zugestehen würde. Selbst das Thema Koleitung ist schwer zu besprechen, denn rasch entsteht beim Vorgesetzten die Fantasie, Sie wollten selbst die Führung übernehmen. So habe ich selbst einmal erlebt, dass mir ein Chef in einem solchen Gespräch sagte: „Geben Sie es zu, Sie wollen meinen Stuhl!" Mir fehlten dann regelrecht die Worte, weil das tatsächlich nicht meine Absicht war. Besser, ich hätte kein Gespräch über das Thema Koleitung angezettelt, sondern einfach mein Verhalten entsprechend geändert.

Die Überlegung zum informellen Spielraum dient in erster Linie Ihrer eigenen Rollenklärung. Wenn Sie zu dem Ergebnis kommen: „Ich bin zurzeit ein klassischer Chefvertreter, aber ich bekomme immer mehr

Aufgaben dazu, ich sollte künftig mehr als zweite Person agieren!", dann benehmen Sie sich einfach wie eine zweite Person. Das bedeutet, Sie stellen Fragen zu den Hintergründen einer Entscheidung. Sie holen sich alle Informationen, die Sie brauchen. Sie vertreten eine eigene Meinung, bleiben aber dennoch loyal zum Chef. Sie führen also Gespräche über Sachthemen, aus denen Sie dann auf Ihren Spielraum zurückschließen können. An der Rückmeldung des Chefs werden Sie sehen, wie weit Sie je nach Situation gehen können.

Frau Zeller kommt bei solchen Überlegungen zu diesem Ergebnis: Sie will zunächst einmal eine starke Chefvertreterin sein. Wenn der Chef ihr Aufgaben übertragen will, die mehr Spielraum erfordern, versucht sie erst einmal abzubremsen. Da sie erst seit wenigen Wochen im Amt ist, hat sie dafür gute Chancen. Ihr ist aber klar, dass der informelle Spielraum spätestens nach drei, vier Monaten noch einmal neu zu bedenken ist.

■ 1.5 Stellvertretung als Interaktion

Sie können nun aus der juristischen Definition, aus dem formellen Handlungsrahmen und dem informellen Spielraum heraus Rückschlüsse auf den Charakter eines konkreten Stellvertreterjobs ziehen. Wenn Sie selbst Stellvertreter sind oder werden, können Sie daran gehen, Ihre Position und Rolle möglichst gut und sinnvoll auszugestalten. Dabei werden Ihnen die folgenden Kapitel helfen.

Vorher müssen wir uns aber noch eines klar machen: Wie eine Stellvertretung ausgestaltet wird, hängt nicht allein vom Stellvertreter selbst und von seinem Chef ab. Was diese beiden besprechen und tun, findet in einem komplexen Beziehungsgeflecht statt. Das zeigt uns noch einmal das Beispiel von Frau Zeller in ihrem IT-Unternehmen:

Frau Zeller hat sich inzwischen auch einmal mit dem scheidenden Stellvertreter getroffen, der nun im Ruhestand ist. Sie hat erfahren, dass er sich immer auf eine Rolle als klassischer Chefvertreter beschränkt hat. Er wurde immer nur aktiv, wenn Herr Schaper, der Chef, länger abwesend war oder ihn ausdrücklich darum bat. Am sonstigen Führungsgeschehen nahm dieser Stellvertreter nicht teil. Frau Zeller fühlt sich durch dieses Gespräch darin bestärkt, dass sie langsam und vorsichtig auf ihre Wunschrolle als zweite Person zugehen sollte. Offenbar hat ihr Chef bisher andere Erfahrungen gemacht.

Kurze Zeit darauf vertritt sie ihren Chef in einer Leitungsrunde. Ihr Bereichsleiter, also der Chef-Chef, nimmt sie danach beiseite und sagt ihr: „Es gibt bei Ihnen in der Abteilung organisatorische Probleme. Ich habe das schon oft angemahnt, aber bislang ist nichts passiert. Nehmen Sie das doch einmal in die Hand!"

Oft gibt es innerhalb einer Abteilung ein eingespieltes System: Der Chef und sein Stellvertreter haben einen Modus miteinander gefunden, bei dem, wie in diesem Fall, der Stellvertreter eher zurückhaltend, aber – wenn es drauf ankam – verlässlich agiert. Die Teammitglieder wissen, mit welchen Themen sie zum Stellvertreter kommen können, mit welchen aber auch nicht. Das funktioniert dann intern gut. Aber es gibt auch noch die nächsthöhere Hierarchieebene, die eher die Nachteile dieses eingespielten Systems sieht. Die Chef-Chefs finden das System „Chef/Stellvertreter" vielleicht gar nicht so funktional wie die Handelnden selbst. Zum Beispiel, wenn es Probleme in den Abläufen gibt und niemand sich dafür verantwortlich fühlt, daran etwas zu ändern.

Frau Zeller weiß sofort, welche Missstände in der Organisation und der Zusammenarbeit der Bereichsleiter meint. Sie hat das so ähnlich beobachtet und würde mittelfristig gern ein paar Reformen vorschlagen. Sie möchte trotzdem nichts überstürzen und zunächst einmal in der Rolle einer Chefvertreterin bleiben. Ihrem Chef berichtet sie sachlich von dem Gespräch mit dem Bereichsleiter. Der ist wenig begeistert. Sie hält sich mit Kommentaren zurück. Sie macht sich in den nächsten Tagen aber schon einmal Notizen zu Veränderungen, die sie irgendwann anstoßen will.

Wer als Stellvertreter seinen Job neu antritt, hat meistens auch Lust, mit Power loszulegen. Aber so gerät man leicht in Zwickmühlen. Frau Zeller zum Beispiel erkennt die Zwickmühle zwischen den Interessen ihres Chefs und denen des Bereichsleiters. Auch in ihrem Team ist die Lage unübersichtlich. Manche würden sich über etwas mehr Veränderung freuen und Frau Zeller unterstützen. Andere jedoch würden ihre Vorschläge zurückweisen und, schlimmer noch, fragen, was denn das jetzt soll, dass sich eine so junge Kollegin derartige Eingriffe anmaßt. Eines kann man schon sagen: Das „System Abteilung" wird in Bewegung geraten, sobald Frau Zeller Impulse für Reformen setzt.

Und nicht nur das: Tatsächlich sind, wie Bild 1.3 veranschaulicht, das „System Chef/Stellvertreter", das „System Abteilung" und das „System Bereich" nur Subsysteme des „Systems Unternehmen".

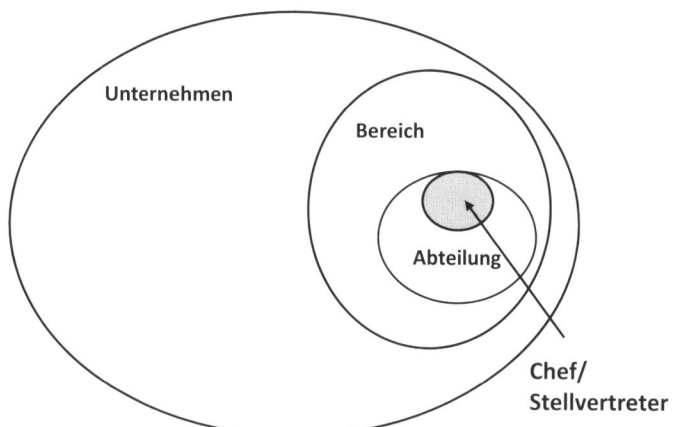

Bild 1.3 „System Unternehmen" und seine Subsysteme

Wenn Frau Zeller losprescht und ihre Abteilung verändert, wird die Geschäftsführung das vielleicht mit Freude sehen und sie einladen, von ihren Reformen zu berichten. Es könnte sein, dass das Management darauf auch in anderen Abteilungen weitere junge, dynamische Stellvertreter installiert. Die Sache könnte aber auch böse für Frau Zeller enden, weil plötzlich von den Gesellschaftern, von Kunden oder vom Betriebsrat heftige Kritik kommt. Dann wäre die Karriere von Frau Zeller gefährdet.

Selbst kleine Veränderungen, die eine junge Stellvertreterin anstößt, können unkalkulierbare größere Veränderung im ganzen Unternehmen auslösen. Deshalb ist jeder Stellvertreter gut beraten, erst einmal abzuwarten und die Lage zu sondieren. Wer sich klar macht, wie komplex die Wirkung schon kleiner Schritte auf die beteiligten Systeme sein kann, hält sich zurück, bis die Zeit reif ist und das Risiko halbwegs kalkulierbar erscheint.

Mit solchen Gedanken ist ein engagierter Stellvertreter dann schon mitten drin im Führungsgeschehen seines Unternehmens oder seiner Organisation. Die Zeiten, da man sich allein auf seine fachlichen Aufgaben konzentrieren konnte, sind erst einmal vorbei. Strategie und Taktik sind neue Disziplinen, mit denen sich Stellvertreter vertraut machen müssen.

 Wer Stellvertreter wird, wird automatisch Teil des Führungsgeschehens in seinem Arbeitsbereich und darüber hinaus in seinem Unternehmen bzw. seiner Organisation. Es kommt darauf an, diesen Aspekt seiner Aufgaben anzunehmen und sich mit dem Job weiterzuentwickeln.

Stellvertretung ist nicht nur ein Titel, eine Position und ein Bündel von Aufgaben. Stellvertretung ist immer auch Interaktion mit anderen – Chef, Mitarbeitern, anderen Abteilungen etc. – und das in einem fortwährenden Veränderungsprozess, der weit über den unmittelbaren Aufgabenbereich hinausreicht.

Interaktion bedeutet hier zu einem großen Teil Kommunikation. Man muss dauernd mit anderen reden, Perspektiven klären, Vorschläge machen, Konflikte aushalten und Kompromisse finden. Wer darauf keine Lust hat, sollte so früh wie möglich prüfen, ob Stellvertretung das Richtige für ihn ist.

Auch dabei helfen die folgenden Kapitel. Sie als amtierender oder angehender Stellvertreter verstehen noch besser, wie man sich als Stellvertreter richtig positioniert. Sie loten aus, welche Spielräume ein Stellvertreter im Verhältnis zum Chef und zum Team hat oder sich erarbeiten kann. Sie bewegen sich dadurch zunehmend sicher in ihrer Rolle und wollen vielleicht auch Neues ausprobieren.

Auf einen Blick

- Stellvertretung ist eine komplexe Aufgabe, aber eben deshalb auch spannend.
- Es gibt keine tragfähigen allgemeinen Definitionen. Ein Stellvertreter muss selbst rausfinden, was er soll und darf.
- Ausgangsbasis einer guten Stellvertreterrolle sind Klärungsgespräche zwischen Chef und Stellvertreter.
- Stellvertretung ist ein interaktives und dynamisches Geschehen, das weit über den direkten Arbeitsbereich hinaus wirkt.

2 Faktoren für einen guten Start

 Sie erfahren hier:
- welche Stellung der Stellvertreter im Team hat,
- wie man in der Vorklärungsphase die anstehenden Gespräche vorbereitet,
- was man beim Klärungsgespräch mit dem Chef beachten sollte,
- warum ein Kaminaufstieg im eigenen Team problematisch ist,
- was man in der Gesprächsführung beachten sollte und wie der V-Modus weiterhilft.

Was Sie konkret für Ihre Praxis brauchen:
- Sie machen sich fit für die gesamte Startphase,
- Sie vermeiden es, in Fallen zu tappen,
- Sie üben sich in der guten Gesprächsführung entsprechend dem V-Modell,
- Sie bereiten sich gründlich auf die Klärungsgespräche vor.

Manche Stellvertreter werden Monate vorher gefragt, ob sie sich die neue Position vorstellen können. Andere kriegen von heute auf morgen die Nachricht, dass sie ab sofort die Geschäfte ihrer Abteilung oder Organisation zu führen haben, wenn auch nur vorübergehend. Wieder andere merken ganz allmählich, dass sie als Stellvertreter eingesetzt werden. Dabei nimmt niemand das Wort Stellvertreter in den Mund.

Die Wege in die Stellvertreterfunktion sind vielfältig. Und bis man dort richtig ankommt, kann eine lange Strecke zurückgelegt werden. Ein paar Monate, ein halbes Jahr, manchmal auch ein ganzes Jahr kann es dauern, bis die Phase der Normalität beginnt. Bild 2.1 stellt die Startphase schematisch dar.

An den Einstieg schließt sich eine Einarbeitungsphase an, die je nach Art des Einstiegs manchmal geordnet, manchmal turbulent ausfällt. Danach stehen wichtige Klärungsgespräche an, die aber zunächst einmal gut vorbereitet werden müssen. Ist die Klärungsphase überstanden, kann der Alltag beginnen. Damit beschäftigen wir uns im folgenden Kapitel. Die Startphase ist jedoch derartig wichtig für Erfolg oder Misserfolg in einem Stellvertreterjob, dass es sich lohnt, sie Schritt für Schritt zu betrachten.

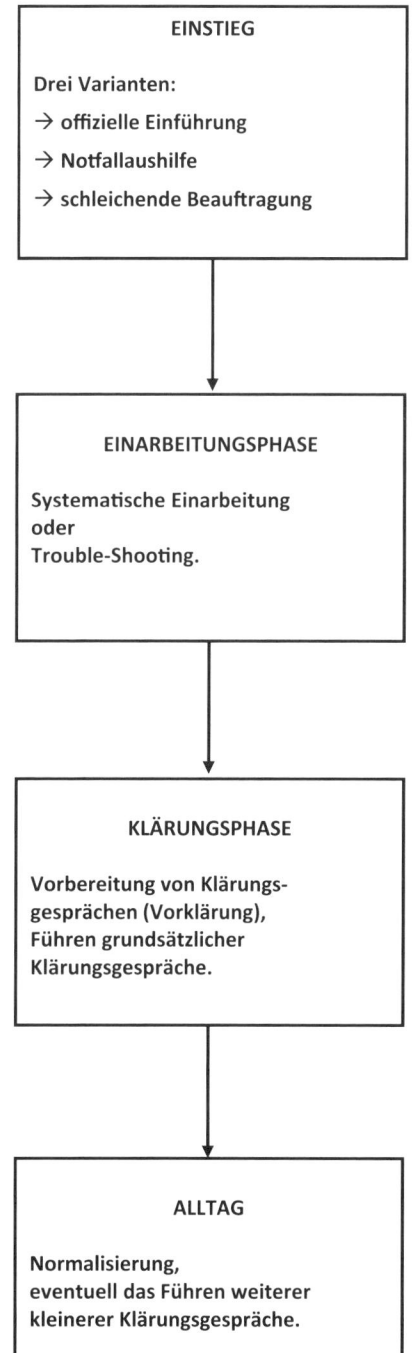

Bild 2.1 Startphase

2.1 Einstieg und Einarbeitung

Wenn ein Stellvertreter einige Wochen oder Monate im Voraus bestimmt wird, erhält er meist auch eine offizielle Einführung. Auf diese folgt dann eine halboffizielle Einarbeitungsphase, die in der Regel zwischen einem und sechs Monaten beträgt. Während der Einarbeitung gesteht man dem Stellvertreter eine höhere Fehlertoleranz zu. Er darf Unsicherheiten offener ansprechen und sich mit eigenen Entscheidungen zurückhalten.

Bei den beiden anderen Einstiegsarten – Notfallaushilfe und schleichende Beauftragung – geht es nicht ganz so gesittet zu. Wer als Notfallhelfer in die Stellvertreterfunktion kommt, hat von einem auf den anderen Tag Probleme zu beseitigen. Oft haben sich schon vorher welche angestaut, zum Beispiel weil der frühere Teamchef schon länger nicht mehr gut mit seinem nächsthöheren Vorgesetzten zusammengearbeitet hat. Da hilft nur ein beherztes Trouble-Shooting einerseits und ein frühes Klärungsgespräch mit denen, die einen so plötzlich ins Feuer schicken, andererseits, also z. B. mit der Bereichsleitung oder der Geschäftsführung. Dass Nothelfer-Stellvertretung ein undankbares Geschäft ist, leuchtet sofort ein. Man sollte herausfinden, welchen Spielraum man in dieser Situation hat und welche Grenzen einem gesetzt sind.

Auch bei der schleichenden Beauftragung fehlt die offizielle Einarbeitungsphase. Die Mitarbeiter haben sich oft schon daran gewöhnt, dass immer der gleiche Kollege Teamsitzungen leitet, wenn der Chef einmal fehlt. Nie hat jemand darüber ein Wort verloren. Wenn der informelle Stellvertreter seinen Job ordentlich macht, dann ist er mit der Zeit über wichtige Abläufe gut informiert und schon eingearbeitet. Insofern hat ein schleichender Start Vorteile, aber mittelfristig wird auch dieser Stellvertreter nicht um die Klärungsphase herumkommen.

Für alle drei Arten des Zugangs gilt: In der Einarbeitungsphase sammelt man Informationen, lernt Abläufe und Personen kennen, versteht Zusammenhänge, stellt Fragen und übernimmt Stück für Stück die Verantwortlichkeiten eines Stellvertreters. Das geschieht wie von selbst. In dieser Phase sollte man nicht übermäßig selbstbewusst auftreten und nicht überstürzt weltbewegende Pläne verkünden. Im Gegenteil: Einarbeitung ist Einarbeitung. Es geht um ein Ankommen im neuen Aufgabenbereich. Eine überzeugende Leistung als Stellvertreter steht noch gar nicht zur Debatte. Die Leistung kann erst beginnen, wenn auch die Phase der Klärungsgespräche gut überstanden ist.

Denn, das lässt sich schon jetzt sagen: Je mehr der Stellvertreter in seinem Job ankommt und je mehr Informationen er zur Verfügung hat, desto wichtiger wird es auch, dass er seinen Handlungsrahmen und seine Befugnisse verlässlich klärt. Das geschieht dann hauptsächlich in einem Klärungsgespräch mit dem Chef, aber zum Teil auch in der Auseinandersetzung mit den Teammitgliedern.

Eine solche Klärung schafft die Grundlage für ein gutes Zusammenwirken im Alltag. Wer meint, sich die Klärungsphase sparen zu können, arbeitet entweder in einer Traumkonstellation, die jedes Wort überflüssig macht, oder er wird später den Preis für unterlassene Absprachen zahlen müssen.

■ 2.2 Klärung der Stellung des Stellvertreters

Schauen wir uns noch einmal kurz die Ausgangssituation an: Chef und Stellvertreter sind in systemischer Sicht beide Mitglieder des Teams – jedenfalls wenn wir hier über kleinere und mittelgroße Arbeitsgruppen mit bis zu 15 oder 20 Mitgliedern sprechen. Dabei ist der Stellvertreter, wie Bild 2.2 zeigt, aber sozusagen halb normales Teammitglied und halb Mitglied eines Subsystems Chef/Stellvertreter.

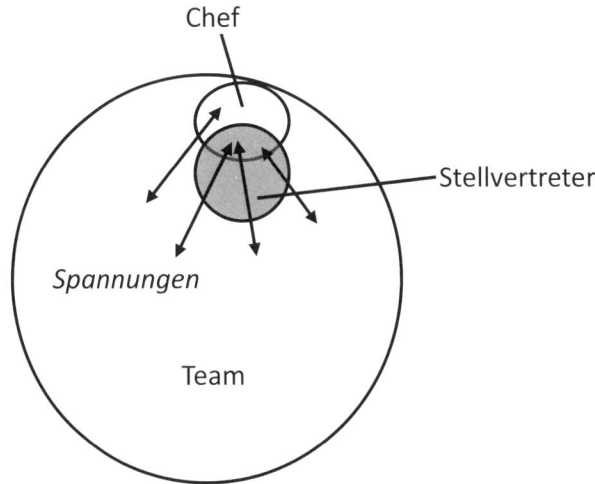

Bild 2.2 Stellvertreter im Teamsystem

Das ist keine hochkomplexe Konstellation, aber ganz so einfach ist es für den Stellvertreter doch nicht, sich zwischen den Ansprüchen des Teams und denen des Chefs zurechtzufinden. Deshalb ist die Phase der Klärungsgespräche so wichtig. Und deshalb sollte man diese Gespräche gut vorbereiten und sich langsam herantasten.

> *Frau Zeller hat in den ersten Wochen ihrer offiziellen Einarbeitung erst einmal den Ball flach gehalten. Sie hat sich die Abläufe in ihrer Abteilung angesehen. Sie hat dabei auch ihre Veränderungsideen gesammelt, diese aber zunächst für sich behalten. Sie hat versucht, den Chef von ein paar unangenehmen Dingen zu entlasten, aber dabei immer höflich gefragt, ob ihm das auch recht sei. Sie ist sogar einigen Konflikten mit Kollegen ausgewichen, weil sie das Gefühl hatte, dass die Zeit für eine Klärung noch nicht reif war. Nun sind zwei Monate vorbei und sie merkt, dass sie innerlich unruhig wird: Es gäbe schon einiges zu klären und zu verändern! Sie überlegt, wie sie jetzt zu Werke gehen soll.*

In der Vorklärungsphase stehen drei wichtige Aktivitäten an:

- beobachten, Informationen sammeln, Ideen entwickeln,
- Kontakt zum Chef intensivieren,
- Kontakt zu den Mitarbeitern verändern.

Zuerst muss der neue Stellvertreter sich erst einmal selbst in der neuen Rolle zurechtfinden und dazu muss er sich Gedanken machen. Am besten, er sieht sich alles mit den Augen eines Mitverantwortlichen an, zum Beispiel die Teamsitzungen.

> *Frau Zeller fand die Besprechungen in ihrem Team schon immer etwas zu langatmig. Der Chef redet viel, die anderen sind teils überengagiert, teils verhalten sie sich offen desinteressiert. Ein wirklich gutes Gespräch kommt selten zustande. Frau Zeller hat früher gute Miene zum bösen Spiel gemacht. Jetzt sieht sie es als Teil ihrer neuen Rolle, dass sie solchen Problemen auf den Grund geht. Sie versucht herauszubekommen, warum die Sitzungen so merkwürdig verlaufen. Bei passender Gelegenheit hat sie auch den Chef und einige Mitarbeiter gefragt, wie sie die Besprechungen finden und wo sie Probleme und deren Ursachen sehen. Am Wochenende hat sie sich die Ergebnisse noch einmal angesehen und erste Ideen zur Verbesserung der Teamsitzungen aufgeschrieben.*

Entscheidend ist jetzt, mit Beobachtungen und Ideen nicht beim Chef oder bei den Kollegen ins Haus zu fallen. Die Klärungsgespräche zur eigenen Rolle und zu nötigen Veränderungen folgen erst noch. Jetzt geht es erst einmal darum, herauszufinden, was man eigentlich will.

Im zweiten Strang der Vorklärung kommt es darauf an, das Verhältnis zum wichtigsten Partner im Jobgeschehen, dem Chef, zu stärken. Dazu muss man ihn nicht gleich auf ein Bier einladen oder sonst wie auf gut Freund machen. Aber ab und zu einmal ein Kantinenessen miteinander, ein Lunch außerhalb des Unternehmens oder tatsächlich gelegentlich einmal ein Treffen am Abend, das wäre schon sinnvoll, einfach, um mehr voneinander zu wissen, auch halbprivate und private Dinge, um Vertrauen aufzubauen.

Wichtig ist dabei, dass das beim Chef nicht als Haltsuchen des Stellvertreters in einer Phase der Unsicherheit ankommt oder gar als taktische Anbiederung, weil man rasch an Führungsinterna gelangen möchte. Die Beziehungsstärkung funktioniert nur als vorsichtiges Angebot. Sinngemäß sagt man dem Chef: „Hallo, ich, dein neuer Stellvertreter, nehme meine Funktion ernst, möchte das professionell angehen. Und dazu gehört, dass wir Infos austauschen, uns besser kennen lernen und gegenseitige Loyalität entwickeln. Lass uns doch einmal über mehr als nur das Notwendigste reden!"

Für die junge Frau Zeller ist dieser Punkt heikel: Ihr Chef ist 45, verheiratet, gut aussehend. Sie muss sehr aufpassen, dass er oder andere nicht irgendetwas in ihre Annäherung hineininterpretieren. Auf einer gemeinsamen Zugfahrt zu einer Präsentation schlägt sie vor, im Speisewagen zu Mittag zu essen. Sie erzählt beim Essen ein bisschen von sich und stellt Fragen zu Frau und Kindern des Chefs. Anschließend fragt sie, was ihr Chef gern innerhalb der Abteilung verändern möchte. Es wird ein gutes Gespräch. Auch deshalb, weil sie erst einmal nicht viel von ihren Überlegungen einbringt. Sie fragt mehr, als dass sie Ideen und eigene Vorschläge in den Raum stellt.

Im dritten Strang der Vorklärung kann ein Stellvertreter eine Menge tun, um den Kontakt mit den Teamkollegen zu stärken und diese gleichzeitig auf anstehende Veränderungen vorzubereiten. Das ist besonders wichtig beim sogenannten Fahrstuhl- oder Kaminaufstieg, also dann, wenn der Stellvertreter im selben Team gearbeitet hat. Gerade dann geht es darum, Stückchen für Stückchen die Distanz zu erhöhen. Ja, hier geht es tatsächlich nicht um Annäherung, wie beim Chef, sondern um Distanz. Das ist für manche frisch gebackene Stellvertreter ein schwieriger Punkt, aber es ist unvermeidlich:

Die Stellvertreterfunktion vergrößert die Distanz des Stellvertreters zum Team und rückt ihn näher an die Teamleitung heran. Dies geschieht automatisch. Die Beteiligten können es zwar beeinflussen, sie können negative Auswirkungen abmildern, aber sie können die Distanzierung nicht verhindern.

Frustriert Sie dieser Leitsatz? Wenn Ihnen das sehr gute Verhältnis zu den Kollegen so sehr am Herzen liegt, wenn Sie gern aufgehoben sein und bleiben möchten im Beziehungsnetz ihrer engsten Mitarbeiter, dann bekommen Sie als Stellvertreter ein Problem. Ihre Zuständigkeiten und ihre Befugnisse verändern sich, das bleibt nicht ohne Auswirkung auf die zwischenmenschlichen Verhältnisse. Es wird nicht genauso weitergehen können wie vorher. Es werden neue und andere Konflikte auftreten. Aber einen Trost gibt es doch:

 Wie stark die Veränderung ist, das hängt von Faktoren wie der Teamkultur und der Unternehmenskultur ab, von der personellen Konstellation, der wirtschaftlichen Situation des Unternehmens und vielen weiteren Faktoren. Die Spanne reicht von „geringfügig mehr Distanz" bis zum regelrechten „Seitenwechsel".

Auch gegenüber den Kollegen und Mitarbeitern geht es in der Vorklärungsphase darum, hinzuhören, zuzuhören, Fragen zu stellen und den Veränderungen Raum zu geben.

Frau Zeller war und ist eine überaus beliebte Kollegin. Manchen fällt es jetzt schon auf, dass sie, seit sie Stellvertreterin ist, nicht mehr ganz so spontan mitlacht, wenn der Teamclown seine Witze reißt. Sie geht oft noch mit in die Kantine, aber nicht mehr jeden Tag, wie früher. Sie bleibt selbstverständlich so hilfsbereit und aufmerksam (etwa für Geburtstage), wie sie es zuvor immer war. Aber sie kommentiert nicht mehr, was andere über den Chef sagen.

Wobei die Kollegen in ihrer Gegenwart auch zunehmend weniger über den Chef reden. Frau Zeller registriert das, nimmt die Zurückhaltung aber nicht übel. Manchmal fragt sie die Kollegen: „Wie würdet ihr das Problem mit dem Kunden XY eigentlich regeln?" Wenn man aber sie fragt: „Du bist doch jetzt Stellvertreterin, kannst du da nicht einmal durchgreifen?", dann lächelt sie und sagt: „Ja klar, ich kann jetzt auch zaubern..."

2.3 Startbedingungen von Nesthockern und Nestflüchtern

In der Fachliteratur wird der Kaminaufstieg, also das Distanzierungsproblem, auch unter den Begriffen „Nesthocker" und „Nestflüchter" diskutiert. In ihrem Buch „Stellvertretung werden – Stellvertretung sein" [Asselmeyer u. a. 2013] überlegen die drei Autoren, ob es nun ein Vor- oder Nachteil für Stellvertreter sei, wenn sie aus dem Team stammen. Schon lange „zur Familie" zu gehören hat offensichtliche Vorteile: Man kennt alle und alles, man weiß, wie der Hase läuft und worauf es ankommt. Nachteil: Der Nesthocker ist selbst auf eine andere Rolle festgelegt und in Beziehungen verstrickt. Umgekehrt geht es dem Nestflüchter: Er kann unbelastet antreten und muss sich um alte Freund- und Feindschaften nicht scheren. Aber der Nestflüchter weiß sehr vieles nicht, das ihm jetzt nützlich sein könnte. Er wird in allerlei Fallen tappen, weil er sie nicht erkennt.

Die Autoren fordern letztlich dazu auf, sich das Problem bewusst zu machen, denn dann wird es lösbar, sowohl für die Nesthocker wie für die Nestflüchter. In ihrem Buch zitieren sie Äußerungen von stellvertretenden Schulleitern, die noch relativ neu in ihrer Position sind. Manche von diesen sind offenbar als Nesthocker in ihre neue Rolle gekommen, waren also schon lange an der Schule tätig. Sie beobachten sehr präzise, wie sich die sozialen Beziehungen verändern (leicht verkürzte Wiedergabe): „Die Art des Miteinanders mit den Kollegen verändert sich.", „Die Distanz nimmt zu.", „Ich sitze häufig zwischen den Stühlen.", „Mein Blick auf das Kollegium wird anders, teils kritischer.", „Es stellt sich ein Gefühl ein, nicht mehr dazuzugehören.", „Ich fühle mich manchmal einsam.".

Aber auch dies berichten die Stellvertreter: „Ich fungiere als Ratgeber und Manager.", „Mein Wort hat eine andere Bedeutung.", „Die Akzeptanz im Kollegium wird aufgewertet durch die neue Rolle." und, besonders bemerkenswert: „Das Verhältnis zum Kollegium ändert sich zurück, wenn sich meine Arbeit als Stellvertreter bewährt."

Offenbar gibt es die Chance, in der neuen Rolle zu so viel Sicherheit zu finden, dass auch wieder Nähe entstehen kann. Aber vielleicht auf einem anderen Niveau und teilweise zu anderen Personen im beruflichen Umfeld. Ein Mehr an Professionalität als Stellvertreter gleicht, wenn es gut läuft, das Defizit an kollegialer Nähe aus.

Am Ende ist es also egal, ob man als Nesthocker oder als Nestflüchter gestartet ist. So oder so muss man sich seinen Platz erkämpfen und seine Rolle ausprägen.

Ein Stellvertreter, der von außen neu ins Team kommt (Nestflüchter)
- muss das System, in dem er jetzt arbeitet, ganz neu kennenlernen und
- ein eigenes Netzwerk aufbauen.

Ein Stellvertreter, der aus dem Team kommt (Nesthocker)
- muss das System, in dem er arbeitet, noch einmal neu kennenlernen und
- bestehende Beziehungen prüfen oder anders ausfüllen.

Beides erfordert soziale Intelligenz und kommunikatives Geschick. Beides kann gelingen und damit Grundlage einer erfolgreichen Tätigkeit als Stellvertreter werden oder es kann scheitern. Dann hat man es – unabhängig von der Herkunft – schwer als Stellvertreter. Im Normalfall lässt sich nicht vorhersagen, was besser ist. Einzig spezielle Rahmenbedingungen können diese prinzipielle Offenheit überlagern: Zum Beispiel mag es sinnvoller sein, einen Stellvertreter von außen zu berufen, wenn der Teamleiter schon lange im Team ist und es hohe Veränderungsanforderungen an das Team gibt.

Für die Erfolgsaussichten eines Stellvertreters ist es egal, ob er aus dem Team kommt oder von außen. In beiden Fällen muss er sich seinen Platz neu suchen und seine Rolle aushandeln.

2.3.1 Klärungsgespräch mit dem Chef

Die Distanzierung ist nicht einfach und braucht ein wenig Zeit. Aber sie kann sich auch nicht ewig hinziehen. Nach einiger Zeit haben sich die Beziehungen auf die veränderten Verantwortlichkeiten eingestellt. Dann ist es Zeit, einen wichtigen Schritt weiter zu gehen.

Irgendwann ist die Zeit reif für einige wichtige und ernsthafte Gespräche: die Klärungsphase. Alle Beteiligten haben sich eingewöhnt. Jetzt kann es ans Eingemachte gehen, an die Details.

Der wichtigste Schritt zur Klärung besteht darin, den Rahmen der Stellvertretung mit dem Chef auszuhandeln. Dafür können wir auf die Skala zur Klärung des formellen Handlungsrahmens zurückgreifen, die Sie schon aus Kapitel 1 kennen (vgl. Bild 2.3).

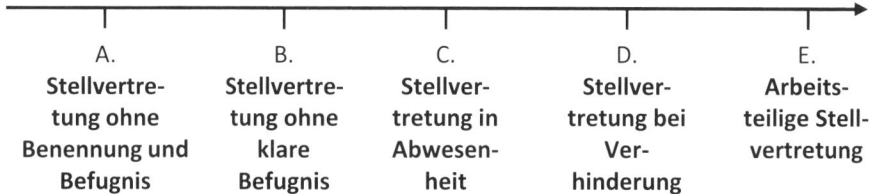

Bild 2.3 Verlaufsskala zu den fünf Ausbaustufen des informellen Spielraums

In Kapitel 1 konnten Sie einschätzen, wo Sie auf dieser Skala sind und wo Sie hinwollen. In der Klärungsphase müssen Sie – direkt oder indirekt – Ihrem Chef die gleichen Fragen stellen. Das Ziel ist eine Übereinkunft, und zwar keine rasche, unsaubere, sondern eine, die sich beide Seiten gut überlegt haben.

Die Übereinkunft könnte zum Beispiel so aussehen, dass Sie sich mit Ihrem Chef auf Stufe C einigen. Der Auftrag des Chefs lautet dann: „Treten Sie nur in Erscheinung, wenn ich längere Zeit abwesend bin, z. B. durch Urlaub oder Krankheit." Sie einigen sich darauf, dass Sie dann alle Probleme angehen müssen, die bis zur absehbaren Rückkehr anstehen. Zum Beispiel dürfen Sie über den Fortgang von Kundenprojekten entscheiden, über den Umgang mit Beschwerden, über aktuelle Anfragen des Bereichsleiters oder des Vorstands und über alle Alltagsthemen wie Urlaubsplanung und Materialbestellungen. Der Chef sagt Ihnen außerdem sinngemäß: „Sie sollen mich in allen wichtigen Gremien vertreten. Aber Sie dürfen keine Verträge unterschreiben und keine Personalgespräche führen, weder Einstellungsgespräche noch Disziplinar- oder Abmahnungsgespräche."

Damit wäre schon detailliert geklärt, was Ihr Chef unter Stufe C versteht. So detailliert, dass es am besten schriftlich festgehalten wird, in Sinne eines „Geschäftsverteilungsplans bei Abwesenheit des Chefs". Am einfachsten geschieht das in einer Mail, die der Stellvertreter schreibt und die der Chef formlos bestätigt. Der Handlungsrahmen wäre damit klar.

Formeller Handlungsrahmen: Passen die Erwartungen des Chefs zum eigenen Selbstverständnis?

Die Definition des Chefs sollte idealerweise auch zu Ihren eigenen Vorstellungen von der Stellvertreterrolle passen. Falls Sie als Stellvertreter laut und vernehmlich Ja sagen können zu den Vorstellungen des Chefs, ist die Sache geklärt und Sie haben einen wichtigen Konsens erreicht. Bis auf Weiteres haben Sie eine Arbeitsgrundlage für die Zusammenarbeit mit Ihrem Chef.

So leicht ist eine tragfähige Einigung aber längst nicht immer zu haben. Wahrscheinlicher ist, dass Ihre eigene Vorstellung vom formellen Handlungsrahmen *nicht* ohne Weiteres deckungsgleich mit der Vorstellung Ihres Chef ist.

Gut möglich, dass Sie selbst mehr wollen, als Ihr Chef Ihnen gibt, oder auch weniger. Sie möchten zum Beispiel Stellvertreter bei Verhinderung (Stufe D) sein, also auch im Alltag bei den Leitungsaufgaben mitmischen. Ihr Chef hat da jedoch Bedenken. Das ist an sich kein Problem, solange es ausgesprochen ist. Ihr Chef hat in dieser Hinsicht das letzte Wort. Sie werden sich – jedenfalls vorerst – anpassen müssen. Dennoch ist es wichtig, dass Ihr Chef weiß, was Sie sich vorstellen. Beim nächsten Gespräch über dieses Thema hat er vielleicht schon genug Vertrauen gefasst.

Stimmt ein Stellvertreter seinen formellen Handlungsrahmen mit seinem Chef ab, dann hat der Chef das letzte Wort. Kurzfristig muss der Stellvertreter versuchen, sich dem anzupassen, was der Chef ihm zugestehen will. Langfristig allerdings muss es eine Arbeitsgrundlage geben, mit der beide einverstanden sind.

Umgekehrt ist es komplizierter. Der Chef möchte am liebsten eine arbeitsteilige Stellvertretung (Stufe E) mit Ihnen aufziehen. Sie fühlen sich aber als Stellvertreter in Abwesenheit (Stufe C) sehr viel wohler. Da können Sie nicht einfach sagen: „Klar, mache ich!" Denn dann schlittern Sie womöglich in eine Überforderungskrise hinein. Also müssen Sie an dieser Stelle verhandeln: Was geht jetzt, was geht später? Was brauchen Sie, um die zusätzliche Verantwortung übernehmen zu können? Vielleicht kommt ein Stufenplan dabei heraus, bei dem der Chef in absehbarer Zeit viel von dem bekommt, was er sich wünscht, aber Sie sich nicht zu weit aus dem Fenster lehnen müssen.

Entscheidend ist, dass Sie sich wirklich einig werden, wenn auch nur vorläufig. Und diese vorläufige Einigung sollten Sie schriftlich festhalten, zusammen mit dem, was Sie im Klärungsgespräch von Ihren Ideen eingebracht haben und was Widerhall beim Chef fand. Sie haben Vorschläge gemacht. Sie haben sich mit Ihrem Chef darüber ausgetauscht. Am Ende haben Sie eine Arbeitsgrundlage für die vor Ihnen liegenden Monate.

Frau Zeller schreibt nach dem Klärungsgespräch folgende Mail an ihren Chef: „Lieber Herr Müller, vielen Dank für das gute Gespräch heute, das mich für meine neue Stellvertreterrolle gestärkt hat. Wir haben bespro-

chen, dass ich in den nächsten Monaten als Ihre ‚Stellvertreterin bei Verhinderung' agiere (Genaueres dazu in der Anlage). Bereits ab nächstem Jahr soll ich darüber hinaus auch eigene Projekte in der Teamleitung verantwortlich übernehmen. An konkreten Veränderungen haben wir besprochen, dass ich eine Tagesordnung und einen Zeitplan für die Teamsitzungen erstelle und dass ich ab sofort die Fortbildungswünsche mit dem Urlaubsplan abgleiche.
Ich danke Ihnen für Ihr Vertrauen und freue mich auf die weitere Zusammenarbeit."

Informeller Handlungsspielraum: Entwickeln lassen
Im Klärungsgespräch geht es nur um den formellen Handlungsrahmen eines Stellvertreters und nicht um den informellen Spielraum (graue Eminenz etc.). Vor einem Gespräch darüber ist auch unbedingt zu warnen. Die allermeisten Chefs könnten damit wenig anfangen. Sie wären sogar irritiert, wenn Sie Fragen der Macht und des Einflusses offen mit ihnen diskutieren wollen. Das müssen Sie mit sich selbst ausmachen. Es ist für alle Beteiligten schwierig genug, den formellen Rahmen genau zu definieren. Lassen Sie es zunächst einmal dabei! Die informelle Position muss sich entwickeln. Man kann sie nicht herbeidiskutieren.

2.3.2 Klärungsphase und Mitarbeiter

Mit den Mitarbeitern verläuft die Klärung anders. Mit ihnen findet meist kein regelrechtes Gespräch über die Stellvertreterrolle statt. Das wäre zwar eigentlich gut, und in einigen hoch reflektierten und kommunikationsfreudigen Teams – etwa bei Unternehmensberatungen – mag das auch tatsächlich stattfinden. Aber häufiger läuft es so: Um die Stellvertreterrolle wird kein großes Aufheben gemacht. Ein eigens anberaumtes Gespräch dazu würde von vielen Beteiligten als überdimensioniert empfunden. Lediglich teilt man bei passender Gelegenheit den Mitarbeitern einige Kernpunkte aus der Einigung mit dem Chef mit.

Die Klärung mit den Mitarbeitern geschieht im Normalfall nebenbei, mitten im Alltagsbetrieb. Es geht dann auch nicht grundsätzlich um den formellen Handlungsrahmen, sondern um Veränderungsimpulse, also um die Sache: In der Klärungsphase wird der Stellvertreter deutlicher als während der Einarbeitung. Er stellt eigene Ideen zur Diskussion, fordert (nach Rücksprache mit dem Chef) auch einmal Veränderungen ein. Nicht im Kasernenhofton, sondern mit echtem Engagement und Interesse. Der Chef beobachtet dann sehr genau: Wie reagieren die Kollegen? Diskutieren sie sachlich über die Vorschläge? Leisten einige Widerstand aus Prinzip? Woran macht sich Widerstand fest? Ist ein klärendes Gespräch mit einzelnen oder mit dem ganzen Team nötig?

Wenn das Team Impulse des neuen Stellvertreters bereitwillig aufnimmt und sachlich diskutiert, dann gibt es keinen grundsätzlichen Klärungsbedarf zum formellen Handlungsrahmen des Stellvertreters. Wenn es jedoch Probleme gibt, ist die erste Frage: Steht der Chef hinter Ihnen? Zuerst klären Sie mit ihm, wie mit dem Widerstand aus dem Team umzugehen ist. Dann erst gehen Sie in ein Gespräch mit Einzelnen oder allen. Und Sie überlegen auch mit dem Chef, ob er – insbesondere bei einem Teamgespräch – dabei sein sollte.

Für die Klärung mit dem Team gilt dieser Leitsatz:

Die Klärungsphase mit dem Team gelingt meist dann, wenn die Klärung mit dem Chef schon gelungen ist. Sie sollte erst beginnen, wenn die Klärung mit dem Chef mindestens zufriedenstellend verlaufen ist.

2.3.3 Grundregeln für Klärungsgespräche

An dieser Stelle können Sie eine Hilfestellung für schwierige Gespräche aller Art gebrauchen. Stellvertreter agieren in einer Zone der relativen Unklarheit, was die hierarchischen Verhältnisse angeht. Gerade deshalb sollten sie ihre Gesprächsführung auf eine sachliche Klärung hin ausrichten.

Hier die **wichtigsten Regeln für eine gute Gesprächsführung**:

- Bleiben Sie so lange wie möglich sachlich, kooperativ und freundlich. Arbeiten Sie auf eine Klärung hin, nicht in erster Linie auf die Durchsetzung Ihrer persönlichen Interessen.
- Bewerten Sie nicht dauernd, was Ihr Gesprächspartner sagt. Versuchen Sie, erst einmal das ganze Bild zu bekommen, und positionieren Sie sich dazu erst am Ende eines Gesprächs. Werten Sie vor allem andere nicht ab. Aussagen wie „Das ist doch Quatsch, das geht doch so nicht." sollten Sie vermeiden.

- Stellen Sie zunächst möglichst viele Fragen. Versuchen Sie herauszubekommen, was Ihr Gegenüber zu dem jeweiligen Thema wirklich denkt. Neben einigen offenen Fragen („Wie denken Sie darüber?") sind vor allem halboffene, sogenannte Steuerungsfragen hilfreich: „Wie ist das denn bisher gelaufen?", „Warum ist dieser Punkt so wichtig für dich?", „Wen würdest du jetzt zuerst ansprechen, um das Problem zu lösen?"
- Hören Sie aktiv zu. Das heißt vor allem, dass Sie nicht so tun, als wüssten Sie schon alle Antworten auf Ihre Fragen. Aktives Zuhören kann man deutlich machen, indem man mit eigenen Worten wiederholt, was der andere gesagt hat, indem man Blickkontakt hält und indem man ab und zu zusammenfasst, was bis jetzt im Gespräch klargeworden ist.
- Wehren Sie Ideen, Vorschläge und Kritik nicht zu schnell ab, etwa mit Killerphrasen à la „Das haben wir schon immer so gemacht." oder „Wir haben keine Zeit für Experimente."

2.3.4 Sichere Gesprächsführung mit dem V-Modell

Es hilft jedoch nicht allzu viel, solche Regeln auswendig zu lernen. Wichtig ist, dass Sie eine entsprechende innere Haltung einnehmen. Und dabei hilft Ihnen das in Bild 2.4 dargestellte Modell. Es ist eine vereinfachte Form des sogenannten Ich-Zustandsmodells, das der Psychologe Eric Berne für seine Transaktionsanalyse entwickelt hat.

Das V-Modell geht von drei Grundhaltungen aus, aus denen heraus man mit anderen Menschen kommuniziert. Das ist zum einen die **Emo +** -Haltung. Aus ihr heraus sagt man Sätze wie „Das wird schon schief gehen!" oder „Zusammen kriegen wir das hin!", um andere zu ermutigen. Man macht motivierende Vorschläge, wie Probleme zu lösen wären, ermutigt Kollegen und zeigt nicht zuletzt, dass man Lust hat, etwas auszuprobieren: „Super, das machen wir!", „Da fange ich gleich einmal an!".

Das Gegenstück ist die Haltung **Emo –**. Aus dieser Haltung heraus weist man andere zurecht, tut seinen Ärger kund und wehrt sich gegen Ungerechtigkeiten, zum Beispiel so: „Das kommt gar nicht infrage!", „Was für ein inkompetenter Vorschlag!", „Nicht mit mir!". Das geschieht nicht immer so offen, sondern kann auch hinter scheinbar sachlich vorgetragenen „Ja, aber"-Erklärungen stehen. Die Haltung Emo – umfasst zudem noch alle Spielarten des Jammerns, Sich-Unterwerfens und Kleinbeigebens: „Na gut, dann machen wir's halt so." oder „Die da oben haben eh immer recht.".

Bild 2.4 Konfliktklärung und innere Haltungen

Dazwischen zeigt das Modell den **V-Modus**. V steht hier für „verhandeln" und „sich verständigen". Aus dem V-Modus heraus sammelt man Informationen, man stellt Fragen und versucht Positionen und Wünsche seiner Gegenüber zu verstehen. Man macht sich ein Bild des Problems oder der Situation, hält sich aber mit Bewertungen zunächst zurück: „Woran liegt das?", „Verstehe ich richtig, dass …?", „Wäre das eine Lösung?". Darüber hinaus macht man im V-Modus zum Beispiel Vorschläge: „Wir könnten es so versuchen …", „Der nächste Schritt wäre dann …". Und schließlich kann man aus dem V-Modus heraus auch Positionen beziehen und diese gegen Widerstand halten: „Ich bin der Meinung, dass …, und zwar weil …", „Ich bleibe bei meiner Meinung.", „Aus meiner Sicht wäre es falsch, …", „Ich kann dir da nicht folgen.".

Entscheidend für Sie als Stellvertreter ist nun: Allein aus dem V-Modus heraus können Sie sehr gute Klärungsgespräche führen. Die Gesprächsregeln, die Sie kennengelernt haben, setzen durchweg auf die Haltung V-Modus. Der V-Modus ist die zentrale Haltung für eine gelingende Rollenklärung. Er ist gerade für Stellvertreter der Dreh- und Angelpunkt in vielen Problemsituationen. Sachlich und freundlich bleiben, selbstbewusst fragen, reden, verhandeln – wer das sicher beherrscht, hat es als Stellvertreter grundsätzlich einfacher. Deshalb wird es in diesem Buch auch immer wieder um den V-Modus gehen.

Der Emo+-Modus hat für Sie als Stellvertreter eine wichtige unterstützende Funktion. Emo+ ergänzt den V-Modus und rundet ihn sozusagen ab. Da Stellvertreter nicht viel Macht haben – und wenn, dann ist es nur eine geliehene –, müssen sie oft andere Wege finden, die Mitarbeiter zu motivieren, anzustoßen oder zu integrieren. Viele erfolgreiche Stellvertreter beherrschen die Klaviatur der humorvollen Klärung: Ein freundliches Wort bewirkt aus ihrem Mund oft mehr als eine scharfe Zurechtweisung. Ein klares Wort, das aber mit einem Lächeln vorgetragen wird, verliert seine Schärfe und wird akzeptabel. Gute Stellvertreter können eben nicht nur analysieren und argumentieren, sie können auch werben und Mitarbeiter gewinnen.

Die Haltung Emo- jedoch leistet Ihnen als Stellvertreter selten gute Dienste. Und zwar weder in der aggressiven noch in der depressiven Variante. Sie können andere nicht rumkommandieren. Sie sollten in der Regel keine Szenen machen (weder Ihrem Chef noch Ihren Mitarbeitern). Und Sie sollten schon gar nicht mit gebeugtem Haupt herumlaufen und kopfschüttelnd Anweisungen ausführen, die Sie selbst offensichtlich nicht sinnvoll finden. Kurz: Stellvertreter sollten den Modus Emo- meiden oder ihn sich für gelegentliche, kurze Ausbrüche reservieren (die sie aber hinterher mühsam wieder einfangen müssen, und zwar – Sie ahnen es – durch kluge Gespräche aus dem V-Modus).

Stellvertreter müssen lernen, sachlich zu verhandeln. Dabei hilft oft ein Schuss Humor und eine freundliche Ansprache der Mitarbeiter, im Kern aber geht es immer darum, die Sachlage zu klären und sich über sinnvolle Problemlösungen zu verständigen.

 Übung: Finden und Stärken der richtige Gesprächshaltung

Zeitbedarf: 10 bis 15 Minuten

1. Denken Sie einmal an Klärungsgespräche über Ihre Stellvertreterrolle, die Sie bereits geführt haben oder noch führen wollen. (Wenn Ihnen da nichts einfällt, denken Sie einfach an schwierige Gespräche über Sachfragen.)
2. Notieren Sie auf einem Blatt fünf bis zehn Ihrer Äußerungen, die in einem solchen Gespräch gefallen sind oder fallen könnten, und die das Gespräch positiv beeinflusst haben oder beeinflussen könnten.
3. Prüfen Sie, aus welchen Modi diese Äußerungen kamen (Emo+, V-Modus, Emo−).
4. Notieren Sie jetzt fünf bis zehn Äußerungen, die untauglich wären oder gewesen sind, um ein solches Gespräch zu einem konstruktiven Ende zu führen.
5. Prüfen Sie, aus welchen Modi diese Äußerungen kamen (Emo+, V-Modus, Emo−).
6. Ersetzen Sie alle Äußerungen aus dem Emo− durch Äußerungen aus dem V-Modus oder aus Emo+. Formulieren Sie diese Äußerungen also so, dass alle Äußerungen einen Beitrag zu einem konstruktiven Verlauf des Gesprächs leisten.

Sind Sie bei dieser Übung auf untaugliche Äußerungen aus der Haltung Emo− gestoßen? Das wäre nicht verwunderlich. Fast immer werden Stellvertretergespräche konstruktiver, wenn Emo− durch den V-Modus oder Emo+ ersetzt wird. Das zu lernen, ist ein wesentlicher Teil der Stellvertretererfahrung. Mit der Zeit können Sie das nicht nur nach dem Gespräch, also auf dem Trockenen, sondern schon während eines Gesprächs. Mit guter Vorbereitung und geistiger Präsenz gelingt es Ihnen, Emo− weitgehend außen vor zu halten und alle Situationen, auch brenzlige, mit dem V-Modus und einer Prise Emo+ zu bewältigen. Sie haben dann Verhandlungskompetenz aufgebaut.

Heißt das nun, Emo – ist für Stellvertreter tabu? Finger davon, am besten für immer? Nein, das wäre falsch. Emo – kann in manchen Gesprächssituationen hilfreich und sinnvoll sein. Gerade für Stellvertreter allerdings gilt: Solche Situationen sind eine klare Ausnahme. Sicher dürfen Sie einmal Ihrem Ärger Luft machen, gegenüber Mitarbeitern wie gegenüber dem Chef. Das sorgt für klare Verhältnisse. Es bewahrt vor einem dauernden Versteckspiel und allzu viel Taktiererei. An manchen Stellen ist authentisches Führen nur möglich, wenn man sich nicht zu hart an die Kandare nimmt.

Aber: Emo – ist fast immer nur ein entlastender Zwischenschritt. Danach geht es wieder darum, Lösungen im V-Modus zu finden, genau wie vorher. Wutausbrüche, Gereiztheit, Machtwörter – all das hilft Stellvertretern im Alltag nicht wirklich weiter. Sie sollten sich solche Ausbrüche à la Emo- für wenige, besondere Situationen reservieren.

■ 2.4 Fit für den Alltag

Bild 2.5 zeigt das Ablaufschema vom Kapitelanfang im Überblick. Wenn Sie durch die gesamte Startphase durch sind, haben Sie große und wichtige Schritte hinter sich. Sie haben sich eingearbeitet. Sie haben sich gut überlegt, was Sie mit wem klären müssen, und wie Sie diese Punkte angehen wollen. Und dann haben Sie mit sachlicher Gesprächsführung und ein bisschen Verhandlungsgeschick dafür gesorgt, dass allen Beteiligten klar ist, wie Sie Ihre Rolle verstehen und was Sie entscheiden wollen und dürfen. Wenn alles gut gelaufen ist, sind Sie mit dem Ergebnis der Klärungsgespräche auch wirklich zufrieden und es stehen nicht mehr allzu viele Themen auf der Liste für die nächste Runde der Gespräche.

Im nächsten Kapitel erfahren Sie, welche Hürden im Alltag auf Sie warten, wie Sie diese elegant überspringen und wie Sie eine Stellvertreterstrategie für sich selbst entwickeln.

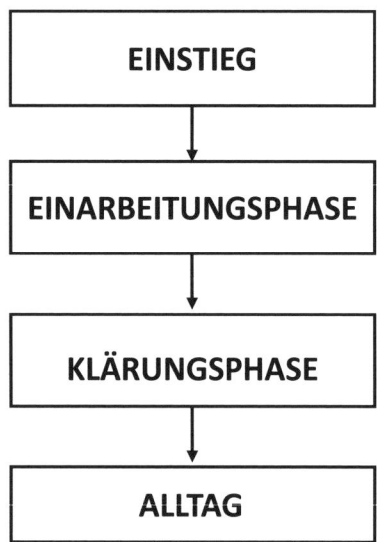

Bild 2.5 Startphase im Überblick

 Auf einen Blick

- Ein Stellvertreter hat immer eine zwiespältige Rolle im Team: Er ist gleichzeitig Mitarbeiter und Chef – oder genau genommen abwechselnd. Das macht es für ihn selbst kompliziert, aber auch für alle anderen.
- Die Startphase gliedert sich in Einstieg, Einarbeitung und Klärung. Erst nach der Klärung beginnt der Alltag.
- Das Klärungsgespräch mit dem Chef soll eine Vereinbarung über die Art der Stellvertretung bringen und Zuständigkeiten klären.
- Haltung und Rolle gegenüber den Mitarbeitern ergeben sich meist en passant, also aus dem Verhalten der Beteiligten.
- Bei der Gesprächsführung kommt es auf die sachliche Klärung und den Austausch von Argumenten an. Dabei hilft der V-Modus.

3 Umgang mit Chef und Team

Sie erfahren hier:
- welche Dos and Dont's es im Führungsalltag gibt,
- wie man mit Wissenslücken umgeht,
- wie man sich vor Überlastung schützt,
- wie man mit der Stellvertretermatrix eine Strategie der eigenen Karriere entwickelt.

Was Sie konkret für Ihre Praxis brauchen:
- Sie richten sich in Ihrer Stellvertreterrolle ein und festigen Ihre Position,
- Sie lernen, Ihre Kapazitäten richtig einzuschätzen und auf die Kritik, Sie hätten mangelndes Fachwissen, zu reagieren,
- Sie lernen, auf Ihre Gesundheit zu achten,
- Sie schauen schon einmal in die mittelfristige Zukunft.

Sie sind nun also im Stellvertreterjob angekommen, haben wichtige Klärungsgespräche geführt und erste schwierige Situationen bestanden. Sinnbildlich sind Sie tatsächlich aufgestiegen, auf einem steinigen Pfad. Nun liegt die Hochebene des Stellvertreterdaseins vor Ihnen und am Horizont schimmern Berggipfel. Das sind die Führungspositionen. Irgendwann werden Sie entscheiden müssen, ob sie sich diesen Anstieg auch noch zumuten wollen.

Aber das ist noch Zukunftsmusik. Zunächst einmal können Sie stolz auf das Geschaffte sein. Sie sind mit Bedacht vorgegangen und haben diverse Klärungssituationen im V-Modus bewältigt. Sie sind jetzt gut gerüstet für die Herausforderungen des Alltags. Und die werden kommen.

Nun treten Sie nahezu täglich gegenüber Ihrem Team als Stellvertreter auf. Und Sie stimmen sich über diverse Themen mit Ihrem Chef ab. Da gibt es viel richtig zu machen – und einiges kann schief gehen. Hier die **vier zentralen Fehler**, die Sie möglichst nicht machen sollten:

- **Tappen Sie nicht in die Oppositionsfalle, indem Sie den Chef bloßstellen.**

  Ein Stellvertreter, der dem Chef ins Wort fällt, ihn vor dem Team kritisiert und abweichende Strategien vorschlägt, der bleibt nicht lange Stellvertreter.

- **Vermeiden Sie die Unterwerfungsfalle, also geben Sie dem Chef nicht immer recht.**

  Ein Stellvertreter, der immer nur Ja und Amen zu allem sagt, was der Chef so denkt und meint, der wird auf Dauer keine echte Akzeptanz im Team finden. Der eigene Kopf muss schon noch erkennbar sein.

- **Unterlassen Sie den Kasernenhofton und kommandieren Sie die Mitarbeiter nicht herum.**

  Ein Stellvertreter, der die Peitsche schwingt, Aufgaben mit Macht durchdrücken will und Gegenargumente ignoriert, der wird heftigen Widerstand auslösen und das Teamklima vergiften.

- **Verfallen Sie nicht ins Klassensprechersyndrom, indem Sie Schutz und Nähe bei den Kollegen suchen.**

  Ein Stellvertreter, der Spannungen und Konflikte zwischen Teamleitung und Team nicht aushält und sich deshalb als Sprachrohr des Teams gegenüber dem Chef gebärdet, der wird seinen Ruf beschädigen und in seinem Job scheitern.

Es geht immer darum, wie Sie als Stellvertreter sich im Spannungsfeld zwischen Chef und Team verhalten. Egal, ob Sie die Spannungen im Alltag dauernd spüren oder nicht: Diese Spannungen sind da. Über viele Fragen werden der Chef und die Mitarbeiter unterschiedlicher Meinung sein, zum Beispiel die zu bewältigende Arbeitslast, die Höhe eines Projektbudgets oder Terminvorgaben. Solche Interessengegensätze gehören zum Job dazu. Es hat keinen Sinn, gegen die unterschiedlichen Perspektiven anzugehen. Ein Stellvertreter wird nicht erfolgreich sein, wenn er die Gegensätze ignoriert. Ebenso schadet es ihm, wenn er sich eindeutig und immer wieder auf eine der beiden Seiten schlägt. Sein Job ist es, in den Interessenkonflikten aktiv zu moderieren.

Dazu muss der Stellvertreter zunächst einmal eine eigene Analyse entwickeln, also ein eigenes Bild von der Situation, aus dem er dann auch eigene Lösungsvorschläge ableiten kann.

Frau Zeller ist ein halbes Jahr im Amt, als ihr Chef in einer Teamsitzung ein neues Projekt ankündigt. Drei Mitarbeiter sind davon betroffen und sie weisen sofort darauf hin, dass sie noch für Monate mit anderen Projekten komplett ausgelastet sind. Der Chef reagiert verärgert und gibt den Mitarbeitern zu verstehen, dass er das als Verweigerungshaltung sieht und nicht dulden wird. Erste Nachfragen bügelt er ab.

An dieser Stelle beeilt sich Frau Zeller, ein paar Fragen zum Hintergrund zu stellen: Welchen Stellenwert hat das Projekt für die Geschäftsführung? Woraus resultiert der hohe Zeitdruck? Warum besteht offensichtlich wenig Spielraum für die Termingestaltung?

Der Chef erläutert, dass es um einen strategisch wichtigen Neukunden in einem neuen Geschäftsfeld geht und dass die Geschäftsführung große Zugeständnisse machen musste, um diesen Auftrag zu bekommen. Er deutet zugleich an, dass das neue Projekt ein Erfolg werden muss, weil andere Geschäftsbereiche schwächeln und die Gesellschafter langsam nervös werden. Und er sagt, dass sein Team in der Firma als langsam und unflexibel gilt und er das nicht mehr länger abpuffern kann. Anschließend kommt ein lebhaftes und kontroverses Gespräch darüber in Gang, wie die Abteilung auf die Kritik reagieren und gleichzeitig das neue Projekt stemmen könnte.

Entscheidend ist, dass der Stellvertreter beide Perspektiven ernst nimmt. In der Beispielsituation gelingt es Frau Zeller, mit öffnenden Fragen ein Gespräch überhaupt erst in Gang zu bringen. Sie gibt dem Chef eine Vorlage, damit er seine Motive erläutern kann. Ohne diese Vorlage hätte er als autoritär und verschlossen dagestanden und es hätte sich rasch eine breite Opposition im Team bilden können.

Das Problem ist damit noch nicht gelöst, aber immerhin geht man nun auf Lösungssuche, anstatt sich gegenseitig zu blockieren. Bei ihrem Vorstoß konnte Frau Zeller die Perspektive der Mitarbeiter aufnehmen und indirekt unterstützen, ohne den Chef bloßzustellen.

Das ist der Idealfall: Ein Stellvertreter zeigt sich in beide Richtungen loyal, sowohl zum Chef als auch zu den Kollegen, wobei die Loyalität zum Chef im Zweifel überwiegen wird.

> Die Loyalität des Stellvertreters gehört immer in erster Linie dem Chef. Aber gleich dahinter kommt eine fast ebenso hohe Loyalität zum Team und zu den einzelnen Teammitgliedern.

Man kann es auch so sagen: Die Loyalität des Stellvertreters richtet sich vor allem darauf, dass die Dinge in seinem Verantwortungsbereich vorankommen und dass die Qualität stimmt. Viele Stellvertreter sind deshalb beinharte Pragmatiker, denen es zu allererst um Lösungen geht, darum, dass der Laden funktioniert. Dazu muss der Stellvertreter eben mit allen im Gespräch bleiben.

■ 3.1 Dos and Don'ts für Stellvertreter

Es ist nicht leicht, das eigene Verhalten in diesem Spannungsfeld auszubalancieren! Tabelle 3.1 bietet eine Übersicht über Dos and Don'ts für Stellvertreter, zunächst bezogen auf das Verhalten gegenüber dem Team. Genauso wichtig ist es, auch gegenüber dem Chef den richtigen Ton zu finden. Tabelle 3.2 verdeutlicht, was das konkret bedeutet.

Tabelle 3.1 Dos and Don'ts im Umgang mit dem Team oder einzelnen Mitarbeitern

Das sollte man lassen	So sollte man es machen
▪ sich von Widerstand oder Kritik provozieren lassen ▪ Gegenmeinungen abwerten	▪ ruhig und sachlich bleiben ▪ Entscheidungen begründen ▪ Widerstand akzeptieren
▪ fordernd und missionarisch auftreten ▪ sich unbedingt durchsetzen wollen	▪ mit Argumenten führen ▪ eher werben und motivieren, als Aufgaben „von oben herab" verteilen

Das sollte man lassen	So sollte man es machen
- ausprobieren, wie weit man mit der neuen Macht kommt - Kommandoton anschlagen - Anordnungen ohne Erläuterung geben - Sarkasmus	- die Machtkarte möglichst nicht ausspielen und wenn, dann nur in vorheriger Rücksprache mit dem Chef
- allzu weich und teamorientiert agieren - immer anderen Recht geben - unangenehme Themen aus Angst vor Konflikten nicht ansprechen	- klare Meinungen vertreten, auch Anforderungen gegenüber dem Team, aber nicht in jedem Fall recht behalten wollen

Tabelle 3.2 Dos and Don'ts im Verhalten gegenüber dem Chef

Das sollte man lassen	So sollte man es machen
- sich komplett vom Chef abhängig machen - keine eigene Meinung vertreten	- versuchen, dem Chef sinnvoll zuzuarbeiten, seine Linie heraushören und diese möglichst loyal mittragen aber auch einmal abweichende Meinungen vertreten
- keine Kritik am Chef üben, nicht einmal unter vier Augen - in zentralen Fragen dem Chef vorgreifen – und zwar in Anwesenheit anderer Teammitglieder	- in wichtigen Fragen auch Kritik üben, aber nur unter vier Augen - eigene Ideen einbringen - ab und zu auch einmal in Teamsitzungen eigene Positionen vertreten und diese mit Argumenten vertreten
- sich immerzu für kompetenter und besser halten als den Chef - irgendwann dann auch am Chef vorbei handeln, ihn ausspielen	- wichtige Veränderungen vorschlagen und versuchen, den Chef davon zu überzeugen
- sich komplett von strategischen Überlegungen fernhalten, nicht einmal darüber nachdenken (aus Angst, nicht auf Linie zu liegen)	- insgesamt einen operativen Schwerpunkt wählen, die strategische Ebene weitgehend dem Chef überlassen, aber dennoch eine Meinung dazu entwickeln und diese vertreten

Hier wird immer deutlicher, wie komplex die Anforderungen an die Stellvertreterrolle sind und wie schwierig es ist, den richtigen Ton zu treffen und sich im Spannungsfeld zwischen Chef und Mitarbeitern zu positionieren. Deshalb gilt:

 Die komplexen Anforderungen der Stellvertreterrolle sind nicht auf Anhieb in vollem Umfang zu bewältigen. Nur ein Lernprozess, der oft mehrere Jahre dauert, führt zu der nötigen Sicherheit und Standfestigkeit.

Hier gilt der Satz: Perfektion ist Illusion. Weder der Stellvertreter selbst sollte von sich erwarten, alles richtig zu machen, noch sollten Chefs oder höhere Vorgesetzte solche Anforderungen an ihn stellen. Stellvertreterpositionen eignen sich auch deshalb so gut für die Entwicklung des Führungsnachwuchses, weil sie diesen intensiven Lernprozess erfordern. Besser, man kalkuliert Fehler – bis hin zu einem denkbaren Scheitern – von vorneherein ein. Der Lernerfolg ist sogar am größten, wenn auch einmal etwas richtig schief geht, vorausgesetzt, es gibt anschließend einen offenen Austausch über die Ursachen des Fehlers und über die Konsequenzen. Wenn einem Stellvertreter also einmal in einer Teamdiskussion die Pferde durchgehen und er Positionen des Chefs angreift, dann muss er sich hinterher der Kritik des Chefs stellen. Wahrscheinlich wird ihm dieser Fehler nicht noch einmal passieren.

Schauen wir uns zwei brenzlige Situationen einmal genauer an: den Umgang mit der eigenen Unsicherheit und dem Umgang mit Überlastung. In beiden Situationen kann man als Stellvertreter viel falsch machen. Aber: Sollten Fehler passieren, kann man anschließend auch viel daraus lernen. Zunächst geht es um eine Auseinandersetzung mit einem renitenten Teammitglied.

■ 3.2 Umgang mit Wissenslücken und Unsicherheiten

Gerade wenn man neu in einer Führungsfunktion ist, liegt der folgende Irrglaube nahe: Wer als Führungskraft Entscheidungen trifft, muss alle Folgen fachlich bis ins Detail überblicken. Er muss sogar letztlich besser sein als diejenigen, die er führt. Keine Frage, das wäre schön. Wir hätten es gern, dass Leute, die in einer Abteilungsleitung mitarbeiten, wirklich etwas von all dem verstünden, worüber sie mitentscheiden. Genau das ist aber schon auf der Ebene kleinerer bis mittlerer Teams illusorisch (ganz zu schweigen vom höheren Management, von Bereichs- und Direktionsleitern, Vorständen, CEOs oder Spitzenpolitikern). Führen heißt vielmehr, mit dem eigenen Nichtwissen und Nichtverstehen zu leben. Fachkompetenz muss auf der Arbeitsebene vertreten sein. Sie schadet auch keinesfalls auf der mittleren Führungsebene. Aber je höher man in der Hierarchie aufsteigt, desto weiter weg ist man von den Details.

Das heißt auch, wenn man aufsteigt – und sei es eben nur zum stellvertretenden Team- oder Abteilungsleiter – hat man oft nur noch drei Faktoren, an denen man Entscheidungen ausrichten kann:

- die eigene Analysefähigkeit (also die Fähigkeit, schnell viele Informationen zu einem eigenen Gesamtbild zusammensetzen),
- die eigene Intuition (d. h. die Fähigkeit, aus den eigenen Erfahrungen und Einstellungen heraus blitzschnell ein Gefühl für Problemursache und mögliche Lösungen zu entwickeln) und
- das eigene Wissen über Führung und Managementprozesse.

Ein Stellvertreter hat zwar noch relativ viel Einblick in die sachlichen Hintergründe einer Entscheidung, aber es wird fast immer Mitarbeiter geben, die noch mehr davon verstehen. Deshalb ist es ein beliebte Übung, dass gerade selbstbewusste und kritisch denkende Mitarbeiter versuchen, neue Stellvertreter zu verunsichern, indem sie deren Wissenslücken aufspüren. Etwa so:

Frau Zeller: Mike, kannst du bis morgen einmal das Programmupdate für den Kunden XLK fertig machen?

Mike: Das machen wir doch längst nicht mehr. Das hat der Kunde selbst übernommen.

Zeller: Davon weiß ich nichts.

Mike: Deshalb sag ich's dir ja. Das habe ich alles mit denen geregelt, ich kenne den Kunden wirklich am besten. Vergiss einmal das Programmupdate.

Nicht so schön für Frau Zeller, wenn ein Mitarbeiter ihr zu verstehen gibt, sie habe keine Ahnung. Das Ganze auch noch von oben herab, mit dem Unterton: „Halt dich einmal da raus!" Was kann sie machen? Sie nimmt doch bloß ihren Auftrag ernst, die Abläufe in der Abteilung zu verbessern und die Termintreue zu erhöhen. Aber sie hat keinen Einblick in jedes Kundenprojekt und alle Absprachen, die innerhalb der Projekte getroffen werden.

Nicht die Wissenslücke ist hier das Problem, sondern der halb vorwurfsvolle, halb schuldbewusste Satz der Stellvertreterin: „Davon weiß ich nichts." Den sollten Stellvertreter meiden. Es gibt einfach zu viel, wovon sie nichts wissen – und auch gar nichts wissen müssen. Gut, wenn eine Stellvertreterin das Fachwissen der Teammitglieder respektiert; aber schlecht, wenn sie dabei ihre Organisationsaufgaben und damit ihre Führungsfunktion aus dem Blick verliert.

Vielleicht sollte Frau Zeller es so versuchen:

Frau Zeller: Mike, es geht noch einmal um das Programmupdate für den XLK.

Mike: Habe ich doch schon gesagt: Das hat der Kunde selbst übernommen.

Zeller: Das habe ich verstanden. Ich wüsste noch gern: Ist das eine offizielle Absprache oder läuft das auf dem kleinen Dienstweg zwischen dir und deinem Counterpart?

Mike: Das hat sich so ergeben und läuft super zwischen dem IT-Chef dort und mir.

Zeller: Das soll auch weiter so laufen. Aber es muss auch im Projektkalender als „done" markiert werden. Sonst steht der Termin immer offen und schafft Verwirrung. Das geht künftig nicht mehr. Unsere Termintreue ist insgesamt nicht so super, weißt du ja.

Mike: Du kannst das von mir aus im Voraus auf „done" stellen, für die nächsten Updates.

Zeller: Das kann ich machen. Aber dann möchte ich gern vorher eine schriftliche Bestätigung von deinem Counterpart haben, dass die Verantwortung dafür auf seiner Seite liegt. So ganz inoffiziell geht das nicht. Kannst du mir so eine Mail von ihm besorgen?

Mike: Hm, ja, ich spreche ihn einmal darauf an.

Im zweiten Anlauf hat Frau Zeller sich die entscheidenden Infos geholt, ohne auf den impliziten Vorwurf, sie habe keine Ahnung von dem Projekt, überhaupt einzugehen. Sie nimmt die Informationen von Mike flexibel auf, lässt sich aber nicht davon abbringen, dass der Projektkalender verlässliche Information bieten muss und dass die Termintreue der Abteilung steigen soll. Sie will gegen inoffizielle Absprachen vorgehen und trotz der Einwände von Mike tut sie das auch, weil sie sich *nicht* mit der Frage beschäftigt, ob sie genug weiß. Die Lösung respektiert die Absprachen zwischen dem Fachkollegen und seinem externen Partner, berücksichtigt aber auch die Interessen der Abteilung als Ganzes. Jetzt muss Frau Zeller nur noch dranbleiben, bis sie die Mail tatsächlich hat.

Für Sie als Stellvertreter heißt das: Wenn jemand Sie auf eine Wissenslücke hinweist, sollten Sie unbedingt im V-Modus [siehe Kapitel 2] bleiben und erst einmal klären, was da genau los ist. Sie könnten sogar auf Emo+ schalten und sich lächelnd bedanken: „Ach, gut, dass ich das erfahre!" Auf jeden Fall sollten Sie auf Ihrer Linie bleiben. Sie wollen irgendetwas erreichen. Deshalb kommt es darauf an, sich nicht aus der

Spur werfen zu lassen. Das „Davon weiß ich nichts.", mit dem Frau Zeller im ersten Gespräch reagiert hat, hat nicht weiter geführt. Es kam aus der Haltung Emo –. Der Unterton war: „O je, jetzt stehe ich aber schlecht da." Und genau deshalb führte das Gespräch zunächst in eine Sackgasse.

Als Stellvertreter muss man nicht alles wissen. Es reicht, insgesamt gut informiert über die Belange der Abteilung zu sein und einen eigenen fachlichen Schwerpunkt bei bestimmten Themen oder Projekten zu haben. Wenn jemand einem vorwirft, dass man Details nicht kennt, sollte man gelassen nachfragen und sich die nötigen Infos holen. Schuldbewusstsein ist praktisch immer unangebracht.

Stellvertreter, gerade frisch gebackene, sollten zwischen Muss-Wissen, Kann-Wissen und Muss-ganz-sicher-nicht-Wissen unterscheiden. Muss-Wissen bedeutet: Bestimmte Abläufe, Zuständigkeiten und einen bestimmten Grad an Sachwissen sollte ein Stellvertreter tatsächlich drauf haben. Wenn Sie unsicher sind, was genau dazu gehört, besprechen Sie das mit Ihrem Chef.

Kann-Wissen heißt: Stellvertreter sollten insgesamt gut informiert sein über das, was in der Abteilung läuft. Sie sollten von vielem gehört haben und sich in Zuständigkeiten und Fachkompetenzen der Mitarbeiter gut auskennen. Allerdings wird viel Wünschenswertes übrig bleiben, das ein Stellvertreter wegen der schieren Menge an Information nicht weiß. Und das ist auch gar kein Problem.

Bleibt noch das Muss-ganz-sicher-nicht-Wissen: Das ist eine rhetorische Haltung, die Sie im Notfall einnehmen können. Sollte ein Mitarbeiter Sie mit Details konfrontieren und behaupten, das müssten Sie wissen, gehen Sie erst einmal auf Gegenposition, am besten mit Humor: „Toll, was Sie alles wissen! Gut, dass ich das nicht auch alles wissen muss!" Erst einmal den Angriff parieren und behaupten, das sei sicher nicht wichtig. Ob es tatsächlich wichtig ist, stellt sich manchmal eben erst hinterher raus.

3.3 Umgang mit Überlastungssituationen

Die zweite brenzlige Situation tritt typischerweise in der Zusammenarbeit zwischen Chef und Stellvertreter auf: Es geht um Überlastung, und zwar um die des Stellvertreters. Überlastungsphasen werden unweigerlich kommen. Auch hier kann ein Stellvertreter einiges falsch machen – und dann viel daraus lernen.

Allein schon der Prozess der Rollenfindung und der Klärung mit Chef und Team kostet Kraft. Hinzu kommen neue organisatorische Aufgaben und die Entlastung für den Chef. Und während ein neuer Stellvertreter all dies übernimmt, denkt meistens niemand daran, dass er immer noch Teammitglied ist und nach wie vor viele Fachaufgaben abzuarbeiten hat. Zunächst einmal kommt alles Neue obendrauf.

Oft sind es die Stellvertreter selbst, die das am wenigsten als Problem ansehen. Die alten Aufgaben als Fachkraft sind vertraut. Man schafft sie zügig weg und fühlt sich kompetent dabei. Kein Wunder, dass man daran festhalten möchte, wenn alles andere gerade in Bewegung gekommen ist und man sich seine neue Position als Stellvertreter erst noch erarbeiten muss. Zudem gibt es für die tendenzielle Überlastung meist nur zwei Lösungen: Man muss alte Aufgaben entweder nach unten, zu den Mitarbeitern, abgeben oder an den Chef. Beides ist allerdings nicht so einfach.

Die Rückdelegation an den Chef ist nicht zu empfehlen. Ohnehin käme dieser Weg für klassische Fachaufgaben nicht infrage, sondern nur für Führungsaufgaben. Das ist zwar möglich, wird aber von keinem Chef gern gesehen. Und es ist gerade am Anfang einer Stellvertretung auch selten sinnvoll. Sie wollen Verantwortung übernehmen und Entlastung für den Chef schaffen. Besser, Sie sprechen offen mit Ihrem Chef, benennen die Überlastung und suchen mit ihm gemeinsam eine Lösung. Die wird eher selten darin bestehen, dass er etwas übernimmt, das er Ihnen zuvor übertragen hat.

An der Delegation einiger Fachaufgaben an Mitarbeiter und Kollegen werden Sie hingegen kaum vorbeikommen. In Rücksprache mit Ihrem Chef dürfen Sie solche Aufgaben abgeben, Sie müssen es sogar, um Handlungsfreiheit für Ihre Stellvertreteraufgaben zu bekommen. Sicher ist es fair, nicht nur die unbeliebtesten abzugeben. Und es immer gut, wenn Sie eine handfeste Begründung parat haben, warum Sie eine Aufgabe weitergeben. Aber abgeben muss sein.

Führungsaufgaben zu übernehmen bedeutet immer, Fachaufgaben abzugeben. Das gilt auch für Stellvertreter. Je nachdem, wie Sie die Stellvertreterrolle in Absprache mit dem Chef interpretieren, müssen Sie mehr oder weniger Aufgaben an Kollegen delegieren. Ganz ohne Delegation geht es nicht.

Wenn es wirklich schlimm um Sie stehen sollte, wenn Sie nach einigen Monaten Stellvertretung Schlafstörungen, innere Unruhe und quälende Gedanken erleben – vielleicht sogar körperliche Symptome –, dann ist es höchste Zeit für ein ernsthaftes Gespräch mit Ihrem Chef.

Chef: Ist bei Ihnen alles in Ordnung, Frau Zeller? Sie nehmen ihre Aufgaben als Stellvertreterin sehr ernst.

Frau Zeller: Ja, das geht schon. Machen Sie sich keine Sorgen. Das ballt sich nur gerade in dieser Woche etwas.

Frau Zeller entscheidet sich in dieser Situation gegen ein offenes Gespräch. Unabhängig davon, wie es ihr wirklich geht, ist das eine verpasste Chance. Wer wünscht sich nicht einen Chef, der aus ehrlichem Interesse einmal fragt, wie es denn läuft und ob man alles gut schafft? Die Frage verdient eine differenzierte Antwort.

Chef: Ist bei Ihnen alles in Ordnung, Frau Zeller? Sie nehmen ihre Aufgaben als Stellvertreterin ja sehr ernst.

Frau Zeller: Danke, im Großen und Ganzen läuft es gut. In den letzten zwei Wochen kriege ich meinen Schreibtisch einfach überhaupt nicht mehr leer. Jeden Abend gibt es so einen Überhang, obwohl ich gar keine Projektdeadline habe. Ich weiß auch noch nicht genau, woran es liegt. Aber ich bin schon ein bisschen beunruhigt.

Chef: Wie viel Zeit verbringen Sie denn im Moment pro Woche mit Stellvertreteraufgaben?

Frau Zeller: Hm, weiß ich nicht. Habe ich nicht drauf geachtet. Aber Sie haben recht. Das müsste ich einmal genauer wissen. Ich kann das einmal notieren. Würden Sie dann mit mir zusammen einmal draufschauen?

In diesem Beispiel ergreift Frau Zeller ihre Chance. Sie spricht erstens offen über ihre Verunsicherung und macht zweitens einen konkreten Vorschlag, wie man mit ihrer gefühlten Überlastung umgehen könnte. Auch wenn Sie keinen Chef haben, der Ihnen so schöne Vorlagen gibt, stehen Sie trotzdem dazu, dass Ihnen etwas über den Kopf wächst, gerade am Anfang. Einen Chef, der nichts von Ihren Sorgen ahnt, können Sie auch nicht als Partner bei der Lösung gewinnen. Vielleicht ist tatsächlich zu schnell zu viel Verantwortung auf Ihren Schultern gelandet. Das würde aber noch nichts darüber sagen, wie Sie die Belastung auf Dauer bewältigen.

Überlastung von Stellvertretern kann viele Ursachen haben. Vielleicht kleben Sie noch zu sehr an Ihren alten Aufgaben. Vielleicht haben sich einige Mitarbeiter auf Sie eingeschossen und Sie finden noch keinen guten Umgang damit. Das alles ist lösbar, aber sie müssen andere, speziell Ihren Chef, um Unterstützung bitten. Manchmal hilft auch die Personalentwicklung Ihrer Firma mit einem Coach oder einem Seminar zur Selbstorganisation weiter, manchmal nützt ein privater Coach. Sicher ist: Das alles sollte man anschieben, bevor der erste Krankheitstag anfällt.

Sollten Fragen kommen, warum Sie denn „nach so kurzer Zeit schon Überlastungssymptome zeigen", dann können Sie selbstbewusst so argumentieren: Als Stellvertreter sitzen Sie an einer Schlüsselstelle für das Funktionieren der Abteilung. Damit die Abteilung gut arbeiten kann, müssen Sie mit Ihren Aufgaben klarkommen. Wenn das nicht funktioniert, ist es nicht nur Ihr privates Problem. Es betrifft alle. Es geht nicht um Ihre Schwächen, sondern um den Erfolg der ganzen Abteilung.

Viele Stellvertreter brauchen lange, bis sie den Mut haben, sich so klar zu ihren eigenen Grenzen zu bekennen. Wer aber zu lange dicht hält und das Problem nur bei sich sieht, riskiert viel größere Schwierigkeiten, bis hin zum Burn-out. Deshalb lernen die meisten Stellvertreter mit der Zeit, dass Offenheit, gepaart mit konstruktiven Lösungsvorschlägen, am Ende für alle besser ist.

■ 3.4 Strategieplanung mithilfe der Stellvertretermatrix

Sie haben jetzt eine Reihe von Alltagsproblemen kennengelernt und passende Lösungsideen dazu. Nun ist es an der Zeit, Ihre kurz- bis mittelfristige Strategie auszuarbeiten (gemeint ist hier ein Zeitraum von wenigen Monaten bis zu zwei Jahren). Dies ist sinnvoll, weil jede Menge Alltagsprobleme auftauchen werden, die so speziell sind, dass man sie sich vorher nicht ausdenken kann. Dann hilft – neben dem kommunikativen Handwerkszeug (z. B. V-Modus) – vor allem eine klare Haltung.

Und dazu gehört eine Vorstellung davon, wer Sie als Stellvertreter sind und wie sich Ihre Rolle weiterentwickeln soll.

Bei dieser Selbstklärung hilft Ihnen die **Stellvertretermatrix**. Die beiden Achsen der Matrix kennen Sie schon aus Kapitel 1. Sie beschreiben einerseits den formellen Handlungsrahmen (x-Achse) und andererseits den informellen Spielraum (y-Achse) eines Stellvertreters. Jetzt sind sie in Bild 3.1 zu einer Matrix zusammengesetzt.

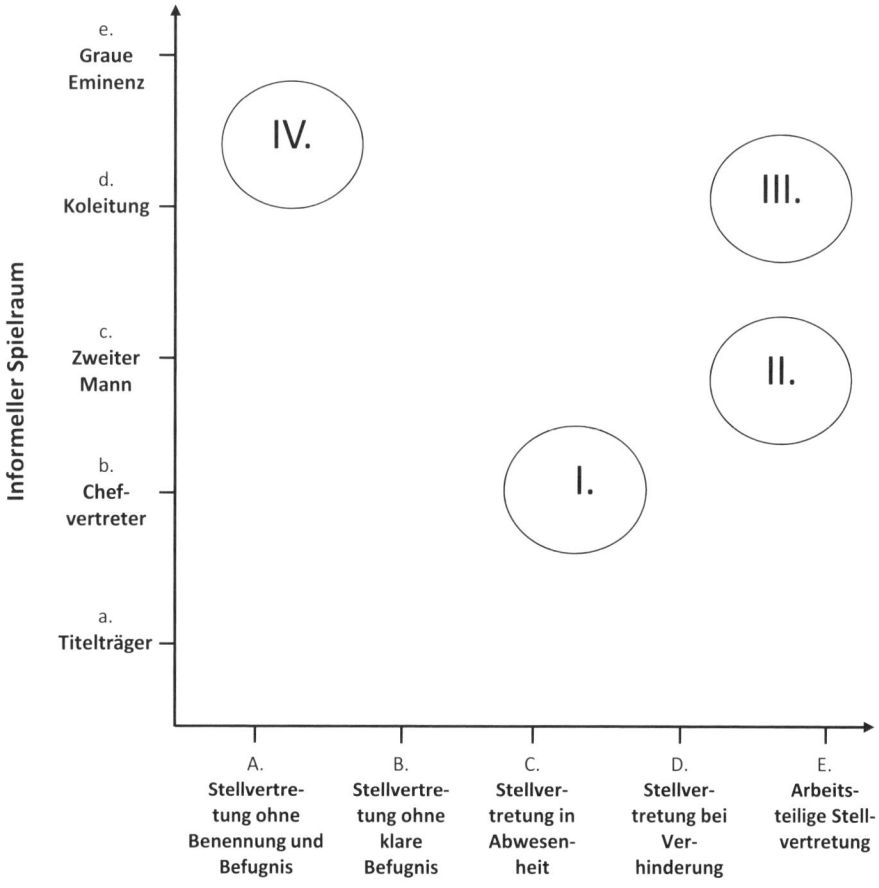

Bild 3.1 Stellvertretermatrix

Die Kreise in der Matrix stehen für folgende Beispiele:

I) Dieser Stellvertreter hat einen mittleren formellen Handlungsrahmen, darf also in Abwesenheit des Chefs viel entscheiden, allerdings auch nur dann. Auch informell ist da nicht mehr drin.

II) Dieser Stellvertreter hat zwar einen Chef, der Ihm die arbeitsteilige Stellvertretung angeboten hat, also am liebsten mit ihm auf Augenhöhe arbeiten will, aber das passt nicht so ganz zum informellen Spielraum: In den Augen der Mitarbeiter ist er eindeutig zweiter Mann, als Koleitung wird er zurzeit nicht akzeptiert.

III) Dieser Stellvertreter hingegen arbeitet mit seinem Chef arbeitsteilig. Man geht die Leitungsaufgaben also gemeinsam an. Und dazu passt gut, dass er auch in der Abteilung respektiert wird und sich eine Position als Koleiter erarbeitet hat.

IV) Dieser Stellvertreter ist ein Sonderfall: Er hat keinen formellen Handlungsrahmen, heißt also nicht Stellvertreter und wird auch nicht offiziell so eingesetzt. Allerdings ist er zugleich informell die stärkste Figur in der Abteilung, wahrscheinlich aufgrund seines Wissens und seiner Erfahrung oder aufgrund seiner guten Beziehungen zu Personen, die in der Hierarchie noch deutlich höher stehen, etwa zur Geschäftsführung oder zu Gesellschaftern.

 Übung: Ist-Soll-Abgleich mit der Stellvertretermatrix

Zeitbedarf: 15 bis 20 Minuten

1. Sie haben sich zu beiden Achsen schon in Kapitel 1 Gedanken gemacht. Übertragen Sie Ihre Markierungen aus Kapitel eins nun einmal in die in Bild 3.2 dargestellte leere Matrix oder überlegen Sie noch einmal neu. Wo befinden Sie sich zurzeit in dieser Matrix? Markieren Sie das mit einem Kreis (wie in Bild 3.1) oder einem Kreuz.
2. Welche Vor- und Nachteile hat Ihre derzeitige Position in der Matrix? Füllen Sie die sechs Kästchen in Tabelle 3.3 aus.

Tabelle 3.3 Vor- und Nachteile Ihrer Position

	Vorteile	Nachteile
... für Sie selbst		
... für das Team		
... für den Chef		

3. Ist die derzeitige Position okay für Sie oder möchten Sie schon in naher Zukunft eine Verbesserung erreichen? Wenn ja: In welche Richtung wollen Sie sich entwickeln? Zeichnen Sie einen Richtungspfeil ein.

4. Was müsste dafür konkret geschehen? Welche Gespräche wären zu führen etc.?
5. Auf welche Widerstände würden Sie treffen? Wie wollen Sie damit umgehen?
6. Wenn das alles gut läuft, welche Position in der Matrix hätten Sie dann mittelfristig, also im Zeitraum von einigen Monaten bis zu zwei Jahren? Bitte einzeichnen.

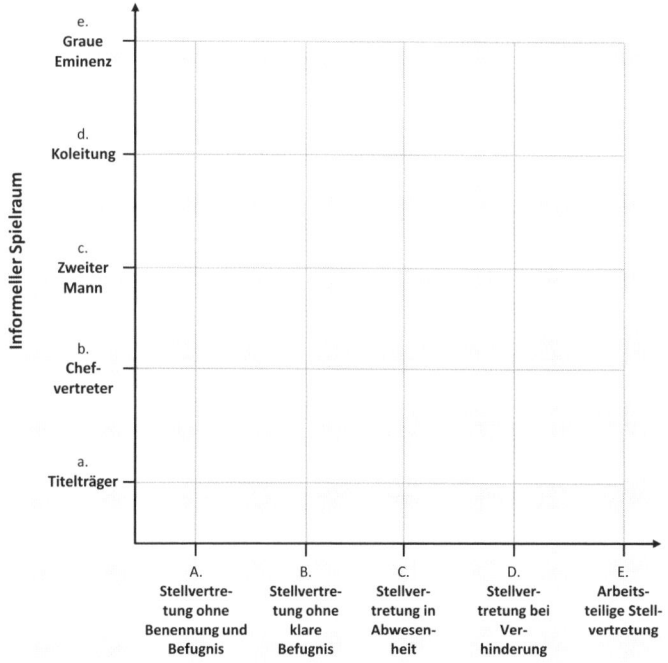

Bild 3.2 Stellvertretermatrix als Reflexionshilfe

Für viele Stellvertreter zielt die kurz- bis mittelfristige Strategie darauf, sich von ihrer aktuellen Position in Richtung auf mehr Verantwortung weiterzuentwickeln. Der Pfeil zeigt dann nach rechts oben. Das bedeutet: einerseits den formellen Handlungsrahmen erweitern, mehr Zuständigkeiten bekommen, mehr in die Führungsarbeit integriert werden. Gleichzeitig geht es Ihnen darum, mehr informellen Spielraum zu bekommen: Sie wollen von allen Beteiligten ernst genommen werden, vom Chef ebenso wie von den Kollegen. Ihr Wort soll etwas gelten. Sie möchten Einfluss auf das Geschehen haben und möglichst sogar ungute Entscheidungen verhindern oder deren Wirkung abschwächen können. Kurz: Sie wollen zu einem in jeder Hinsicht starken und respektierten Stellvertreter werden.

Wenn beides nicht geht, wenn also keine Bewegung nach rechts *und* nach oben möglich ist, dann versucht man, wenigstens nach rechts *oder* nach oben zu gelangen. Also zum Beispiel eine klare Absprache über die Befugnisse des Stellvertreters in Abwesenheit des Chefs zu erreichen, auch wenn der Chef ansonsten alles tut, um den Stellvertreter eher klein zu halten. In der Stellvertretermatrix sieht das dann so wie in Bild 3.3 dargestellt aus.

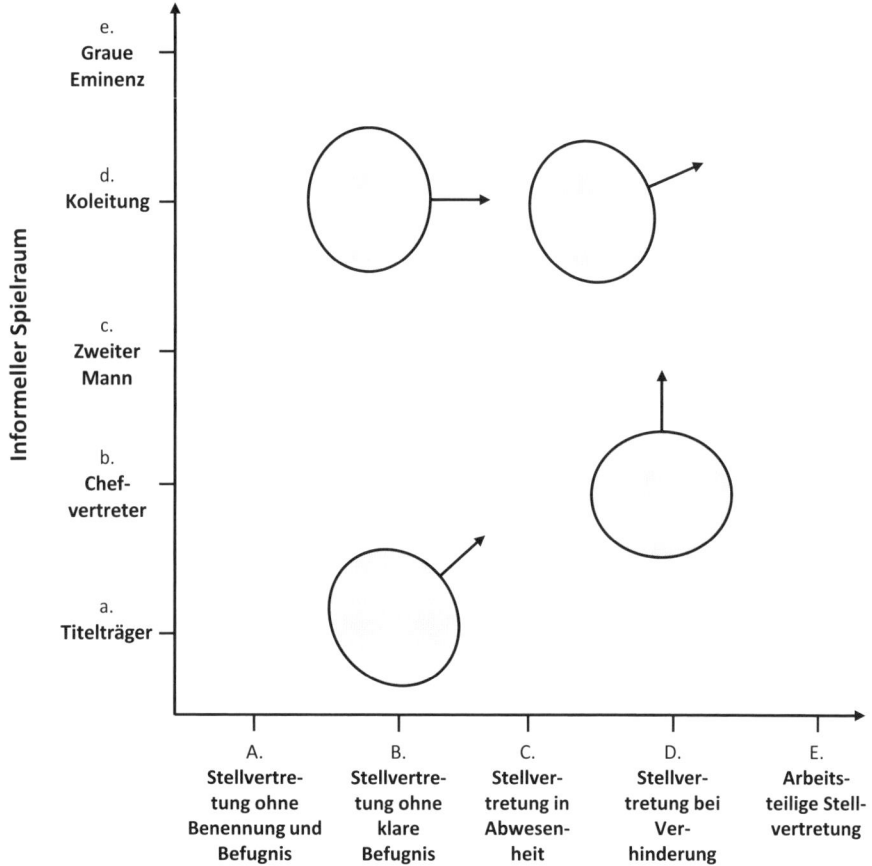

Bild 3.3 Stellvertretermatrix: typische Richtungen der angestrebten strategischen Weiterentwicklung

Nun haben Sie eine Menge Tipps für den Alltag als Stellvertreter erhalten und zuletzt haben Sie den Blick über den Alltag hinaus gerichtet. Sie sind jetzt auf dem Weg, ein starker, respektierter Stellvertreter zu werden.

Wobei es zur Zufriedenheit manchmal auch in die Gegenrichtung geht. Die Pfeile in der Matrix können auch einmal nach links oder nach unten zeigen. Das würde bedeuten, dass Sie eher zu schnell zu viel Verantwortung bekommen haben und lieber noch einmal neu ansetzen oder dass die Kollegen zu viel von Ihnen erwarten und Sie den großen informellen Spielraum, den man Ihnen zuschreibt, gar nicht ausfüllen wollen. Auch das kann sinnvoll sein, mindestens als Phase in Ihrer Entwicklung als Stellvertreter, vielleicht aber auch als dauerhafte, weise Selbstbeschränkung.

Wie immer der Weg für Sie aussieht: Im nächsten Kapitel erfahren Sie, wie Sie das bisher Gelernte perfektionieren. Wie leitet man zum Beispiel Besprechungen und navigiert dabei geschickt im Spannungsfeld zwischen Team und Chef? Und wie motiviert man als Stellvertreter seine Mitarbeiter?

 Auf einen Blick

- Als Stellvertreter sollten Sie keine offene Opposition gegenüber dem Chef versuchen, ihm aber auch nicht dauernd Recht geben, sondern eine loyale und möglichst eigenständige Position beziehen.
- Ihnen steht gegenüber den Mitarbeitern kein Kasernenhofton zu. Im Gegenteil: Sie sollten durch Argumente führen und einen freundlichen Ton anschlagen.
- Oft werden Sie im Spannungsfeld zwischen Chef und Mitarbeitern moderieren und Lösungsvorschläge präsentieren müssen.
- Als Stellvertreter muss man nicht alles wissen.
- Weil die Stellvertreterrolle komplex ist, kommt es nicht selten zu Überlastung. Ein Teil der Ursache liegt meistens in den hohen Ansprüchen der Stellvertreter an sich selbst.
- Als kurz- bis mittelfristige Strategie bietet sich für viele Stellvertreter an, sich mehr formelle Zuständigkeiten zu sichern und sich gleichzeitig in kleinen Schritten mehr Vertrauen und Respekt zu erarbeiten.

4 Moderieren und Motivieren

 Sie erfahren hier:
- wie Stellvertreter sich in Teambesprechungen verhalten sollten,
- wie man mit dem Spielmachermodell Widerstand gelassen abfedern kann,
- wie man in Abwesenheit des Chefs Teambesprechungen leitet,
- wie man als Stellvertreter Mitarbeiter motiviert.

Was Sie konkret für Ihre Praxis brauchen:
- Sie erfahren, wie Sie in Besprechungen ein eigenes Profil zeigen können, ohne illoyal zu erscheinen,
- Sie verstehen, was in Teambesprechungen eigentlich vor sich geht und warum oft Kritik an der Führung laut wird,
- Sie erlernen einen souveränen Umgang mit Kritik und Widerstand,
- Sie erfahren, welche Mittel Sie nutzen können, um Mitarbeiter zu motivieren.

Irgendwann ist jeder Stellvertreter so richtig angekommen in der neuen Funktion. Die Stromschnellen des Anfangs liegen hinter Ihnen. Sie haben Ihre Rolle gefunden im Spannungsfeld zwischen Chef und Team. Zeit, sich einmal mit einigen Routinesituationen zu beschäftigen, etwa mit Teambesprechungen und Motivationsgesprächen. Bei diesen Gelegenheiten kann man als Stellvertreter viel gewinnen, sich aber auch viel Ärger ins Haus holen.

◾ 4.1 Teambesprechungen

Eine gar nicht so kleine Herausforderung sind Teambesprechungen. Was dort geschieht, geschieht vor aller Augen. Und es wird genau beobachtet, wie sich der Stellvertreter verhält. Deshalb bekommen auch erfahrene Stellvertreter in kniffligen Situation manchmal das innere Flattern.

Frau Zeller ist jetzt schon ein Jahr im Amt und hat sich bestens eingefunden. Die Arbeitsteilung zwischen dem Chef und ihr hat sich gut eingespielt. Wenn es noch hakt, dann in den Teambesprechungen. Da tut Frau Zeller das, was sie sonst auch tut: Sie versucht, Probleme zu lösen, macht Vorschläge, klärt Details. Aber was ihr Chef unter vier Augen prima findet, gefällt ihm in Besprechungen manchmal gar nicht. Dann raunzt er sie öffentlich an: „Ja, schon gut, das klären wir später!" oder, wenn Frau Zeller bei einem Konfliktthema zu vermitteln sucht: „Moment einmal, damit hier keine Missverständnisse aufkommen: Das muss genau so gemacht werden!"

Wenn Frau Zeller ihren Chef hinterher darauf anspricht, wiegelt er ab: „Ach, das ging nicht gegen Sie!" Aber ein ungutes Gefühl bleibt doch zurück: Warum will er in der Teamrunde nicht hören, was er unter vier Augen gern annehmen würde?

Die Zusammenarbeit zwischen Chef und Stellvertreter kann noch so gut sein: Sie findet auf verschiedenen Schauplätzen statt und sie prägt sich je nach Schauplatz unterschiedlich aus. Teambesprechungen sind ein problematischer Schauplatz. Alle bekommen mit, wer da welche Rolle hat. Viele Chefs treten vor ihrem Team deutlich „cheffiger" auf als im Einzelgespräch. Sie fürchten, als zu vorsichtig zu gelten und nicht genügend Entschiedenheit zu zeigen. Sie möchten, dass allen klar ist, unter welchem Leistungsdruck die Abteilung steht.

Deshalb kommt es manchmal zwischen Chefs und Stellvertretern zu Spannungen – gerade bei starken Stellvertretern, die eine gute Stellung im Team haben. Ein kluger Chef wird seinen Stellvertreter keinesfalls öffentlich demontieren. Dennoch wird der Ton zuweilen herber. Nicht jeder Vorschlag eines Stellvertreters ist in einer Besprechung willkommen. Die Teammitglieder sollen ruhig einmal sehen, wo der Hammer hängt.

4.1.1 Teambesprechungen in Anwesenheit des Chefs

Was soll ein Stellvertreter in einem solchen Fall tun? Ein starker Stellvertreter kann dem Chef einfach seine Bühne lassen und über kleine Zurechtweisungen freundlich hinwegsehen – einerseits. Andererseits spricht nichts dagegen, bei wichtigen Fragen auch einmal eine abweichende Position zu beziehen. In ruhigem, sachlichem Ton darf der Stellvertreter auch vor Publikum zeigen, dass er eine eigene Sicht auf die Dinge hat. Starke Chefs wissen das zu nehmen. Und Spannungen innerhalb der Teamleitung müssen für das Team insgesamt nichts Schlechtes bedeuten.

Schwache Chefs sind das größere Problem: Sie beißen gleich, wo starke Chefs nur einmal kurz knurren. Kommt ein solcher offener, scharfer Angriff gegen den Stellvertreter in einer Sitzung vor, dann gilt zunächst das Gleiche wie bei einem starken Chef: entweder ruhig bleiben oder auf konstruktive Weise seine Position deutlich machen. Nach der Besprechung jedoch darf der Stellvertreter kein Blatt vor den Mund nehmen. Er sollte mindestens in der Sache widersprechen, möglichst aber auch darum bitten, dass scharfe Zurechtweisungen dieser Art in Teamsitzungen unterbleiben. Das beste Argument dafür ist immer: Ein starker Stellvertreter entlastet den Chef und bringt am meisten für den Teamerfolg. Deshalb sollte der Chef möglichst nichts tun, was den Stellvertreter schwächt – und schon gar nicht vor aller Augen.

> *Frau Zeller bittet ihren Chef, sie nicht mehr in Teambesprechungen so überdeutlich in ihre Schranken zu weisen. Sie verspricht aber auch, ihm nicht in die Parade zu fahren, wenn er gerade einmal ein Machtwort sprechen will. Das löst nämlich in ihm – und vielleicht nicht nur in ihm – den Eindruck aus, sie wisse alles besser und wolle Konflikte um jeden Preis umschiffen.*

Kleinere Meinungsverschiedenheiten können Chef und Stellvertreter in Teambesprechungen aussprechen. Größere gehören ins Vieraugengespräch. Greift ein Chef seinen Stellvertreter in Teamsitzungen scharf an, sollte sich der Stellvertreter unter vier Augen dagegen wehren.

Insgesamt gilt für Teambesprechungen: Der Chef leitet das Gespräch und setzt die zentralen Impulse. Dem Stellvertreter kommt meist die Aufgabe eines Umsetzers zu, der frühzeitig auslotet, wie etwas zu machen wäre, der Ergebnisse sichert, vernachlässigte Gesichtspunkte einbringt und manchmal die stilleren Kollegen ins Gespräch einbezieht. Soweit wird kaum ein Chef etwas dagegen haben.

Problematisch wird es dann, wenn sich der Stellvertreter ohne Not mitten in das unvermeidliche Spannungsfeld zwischen Chef und Team begibt, zum Beispiel indem er dem Chef unbeholfen sekundiert: „Leute, so könnt Ihr doch nicht mit ihm reden!" oder indem er an der falschen Stelle schlichten will: „Jetzt hört einander doch einmal zu!". Grundsatzkonflikten und strukturellen Spannungen ist so nicht beizukommen. Da müssen manchmal Gegensätze aufeinanderprallen. Das kann und sollte ein Stellvertreter nicht verhindern. Versucht er das, dann wird er zum Ziel für beide Seiten: Dem Chef ist er zu weich und den Opponenten im Team genauso.

Vor und nach der Besprechung kann ein Stellvertreter viel tun, um auszugleichen und den Teamfrieden zu bewahren. In der Besprechung selbst sind seine Mittel begrenzt. Am besten hält er sich weitgehend raus und bleibt trotzdem loyal zum Chef, denn das ist seine Hauptaufgabe: den Chef zu unterstützen.

In Teambesprechungen unterstützt ein Stellvertreter seinen Chef, ohne dabei allerdings seinen eigenen Kopf aufzugeben. Er vermeidet es aber, sich in Konfliktsituation ins Spannungsfeld zwischen Chef und Team zu begeben.

4.1.2 Finden des richtigen Rollenverständnisses mit dem Spielmachermodell

Stellvertreter sollten sich des Spannungsfelds zwischen Chef und Team immer bewusst sein, denn sie sind zugleich Teil der Leitung und des Teams. Für Besprechungen kann man sich das Spannungsfeld gut mit dem in Bild 4.1 dargestellten Spielmachermodell vor Augen führen.

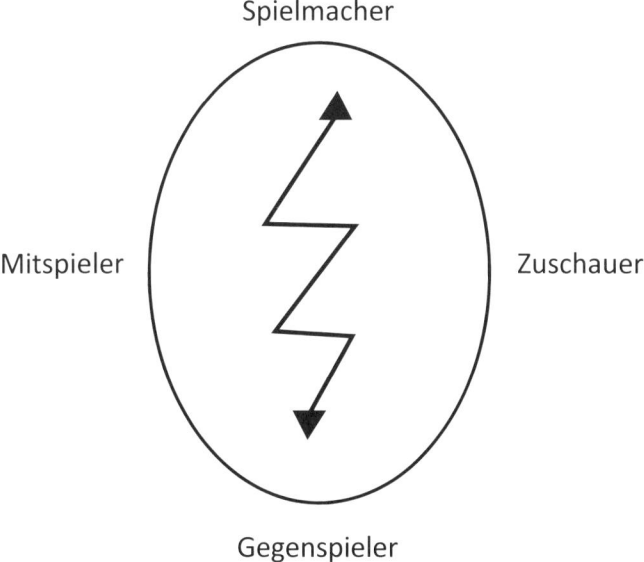

Bild 4.1 Spielmachermodell

Das Modell stammt aus der angewandten Gruppenpsychologie. Seit den 1950er-Jahren haben Forscher aufgezeigt, wie Menschen sich in Gruppen typischerweise verhalten. Eine Erkenntnis war, dass es eine Art Sog Richtung Führung gibt. Sobald Menschen in einer Gruppe etwas zusammen tun wollen, stellt sich die Frage, woher die Impulse kommen, angefangen von der Frage „Wollen wir jetzt anfangen?" bis hin zu der Feststellung „Okay, dann sind wir jetzt soweit durch." Irgendjemand gibt solche Impulse. Das ist nicht immer nur eine Person, aber es sind auch nicht alle im gleichen Maße. Einige haben den Drang dazu, solche Führungsimpulse zu geben, andere weniger. Im Gesprächsverlauf gibt es dann noch zig Situationen, in denen Weichen zu stellen oder Ergebnisse festzulegen sind. Genau da wird Führung wirksam.

Neben dem Sog zur Führung haben Forscher aber auch folgendes Muster immer wieder beobachtet: Wo Führungsimpulse sind, tritt automatisch auch eine Gegenkraft auf. Diese übt Kritik, widersetzt sich, gibt Details zu bedenken, macht Gegenvorschläge. Auch dies muss nicht immer nur eine Person sein. Sicher ist, dass die Gegenkraft genau wie die Führung immer auftritt, also gesetzmäßig.

Das Spielmachermodell verdeutlicht genau die Spannung zwischen Führungsimpuls und Gegenkraft. Tabelle 4.1 fasst die im Modell abgebildeten Rollen und Aufgaben zusammen.

Tabelle 4.1 Rollen und deren Aufgaben im Spielmachermodell

Spielmacher	
Aufgabe	etwas bewegen, anstoßen
produktives Verhalten	alle Teilnehmer integrieren
unproduktives Verhalten	sich verstricken mit dem Gegenspieler
Motto	**Ohne Spielmacher keine Richtung!**
Gegenspieler	
Aufgabe	opponieren
produktives Verhalten	Kritik und Widerstand um der Sache willen
unproduktives Verhalten	Kritik und Widerstand aus Prinzip
Motto	**Ohne Gegenspieler keine Qualität!**
Mitspieler	
Aufgabe	folgen, mitmachen
produktives Verhalten	sich aus Einsicht aktiv einbringen
unproduktives Verhalten	blindes Mitläuferverhalten oder um nach Anerkennung heischendes Platzhirschverhalten
Motto	**Ohne Mitspieler kein Ergebnis!**
Zuschauer	
Aufgabe	beobachten, dabei sein
produktives Verhalten	benennen, was er sieht
unproduktives Verhalten	passiv bleiben, selbst bei Konflikten
Motto	**Ohne Zuschauer kein Überblick!**

Ein Chef (z. B. ein Bereichsleiter) kann prinzipiell alle Rollen einnehmen. Im Normalfall tut er das aber nicht, sondern übernimmt die Spielmacherrolle. Wo aber ein Spielmacher, da ist auch ein Gegenspieler nicht weit. Ein oder mehrere Teilnehmer einer Besprechung werden kritische Kommentare anbringen, andere Lösungswege vorschlagen oder in stille Grundsatzopposition gehen, die einen starken Einfluss auf das Geschehen haben kann.

Dass Gegenspieler auftreten, ist an sich kein Problem, sondern sogar sinnvoll. Es kann in entwickelten Teams die Qualität der Arbeit stark heben, wenn es gute Gegenspieler gibt. Aber dazu kommt es oft nicht, weil ein unproduktiver Machtkampf zwischen Chef/Spielmacher und Gegenspieler(n) beginnt. Die wichtigste Bedingung für die Produktivität einer Besprechung ist deshalb, dass sich Spielmacher und Gegenspieler nicht miteinander verhaken und verstricken. Je straffer der Spielmacher führen will und je mehr Regeln er vorgibt, desto aktiver werden die Gegenspieler. Umgekehrt kann der Spielmacher übermäßiges Gegenspielerverhalten auch nicht einfach zulassen. Chefs haben also die Aufgabe, den Mittelweg zu finden zwischen zu viel Kontrolle (= hoch aktive Gegenspieler) und zu wenig Kontrolle (= unstrukturierter Gesprächsverlauf). Das ist ein neuralgischer Punkt aller Besprechungen und genau da kommt der Stellvertreter ins Spiel.

Das Spielmachermodell legt zunächst diese Rollenverteilung nah: Der Chef ist Spielmacher. Der Stellvertreter ist nicht Gegenspieler, auch nicht Zuschauer, er ist der wichtigste und loyalste Mitspieler.

Das heißt nicht, dass er dem Chef nach dem Mund reden und allen zeigen soll, wie loyal er ist. Im Gegenteil: Er bemüht sich einfach um Antworten, sucht gute Lösungen, treibt die Diskussion voran, wo sie sich verzettelt. Er zeigt sein Engagement und seine Loyalität nicht, indem er den Butler des Chefs spielt, sondern indem er sich für gute Ergebnisse engagiert. Der Chef sagt, wohin es gehen soll, und der Stellvertreter versucht, auf diesem Weg Lösungen oder Erfolge zu ermöglichen. Durch seine aktive Mitarbeit nimmt er zugleich dem Gegenspieler Raum für destruktive Aktionen.

Es geht noch weiter: Als Stellvertreter kann man selbst sehr gut Aspekte der Spielmacherrolle übernehmen, etwa wenn es darum geht, den Gesprächsverlauf zu ordnen oder Ergebnisse festzuhalten. Stellvertreter können aber mehr, Sie können sogar Aspekte des Gegenspielers verkörpern.

> *Neulich hat Frau Zeller es einmal gewagt: Als der Chef gerade die Besprechung beenden wollte, ist sie ihm lächelnd in die Parade gefahren. „Herr X, ich möchte doch noch einmal den Advocatus Diaboli spielen: Wenn wir das so machen, wie gerade besprochen, dann behauptet der Kunde hinterher, seine Leute hätten uns den entscheidenden Tipp gegeben. Können wir das nicht noch besser kommunizieren?"*

Der Chef schaut irritiert, sagt nichts, lädt aber alle mit einer Handbewegung ein, sich mit der Frage zu beschäftigen. Es entspinnt sich eine kurze Runde, bei der ein Kollege vorschlägt, einen guten Kontakt zu nutzen, um vorab die eigene Version der Geschichte zu lancieren. Der Chef nickt und bedankt sich bei Frau Zeller für den Hinweis.

So könnte es gehen. Aber ein klein wenig besserwisserisch könnte Frau Zellers Einwurf vielleicht doch rüberkommen. Sicherer fährt man als Stellvertreter, wenn man klar in der Mitspielerrolle bleibt. Dem Chef ein teamöffentlicher Sparringspartner zu sein, der ihn in Gegenspielermanier herausfordert – das ist die hohe Kunst. Dieses Spiel funktioniert nur, wenn jedem am Tisch klar ist, dass da gerade keine Konkurrenznummer abläuft, vor allem dem Chef selbst. Der muss schon sehr souverän sein, um einen Stellvertreter, der den Gegenspieler gibt, jederzeit zu schätzen zu wissen.

 Ein Stellvertreter ist der natürliche Mitspieler des Chefs. Allerdings ein starker, eigenständiger Mitspieler, der dem Chef nicht bloß nach dem Mund redet.

Das Spielmachermodell weist auch auf einen idealen Besprechungsverlauf in einem gut entwickelten Team hin. Da könnte der Chef zum Beispiel auch einmal Mitspieler oder Zuschauer sein. Er überlässt es dann einfach anderen, die sich gern als Spielmacher erproben möchten, die nötigen Impulse für den Fortgang des Gesprächs zu geben. Er selbst kann dann seinen Ideen freien Lauf lassen, sich mit Details beschäftigen, wie alle anderen Besprechungsteilnehmer auch. Der Chef kann sogar einfach einmal Gegenspieler sein, sein Team machen lassen und lediglich auf Schwächen hinweisen. Allerdings gibt er dabei die Spielmacherrolle frei, und die würde dann meistens der Stellvertreter übernehmen. Eine gute, elegante, für alle sinnvolle Lösung.

Das erscheint angesichts der realen Besprechungen, die in Konferenzräumen von Firmen und Behörden so stattfinden, als Zukunftsmusik. Egal wie und wer, wichtig ist, dass alle Rollen des Spielmachermodells möglichst gut besetzt sind. Produktives Verhalten bringt alle voran, unproduktives Verhalten hemmt den Arbeitsfortschritt und die Weiterentwicklung des Teams, meist leidet auch die Qualität der Ergebnisse.

4.1.3 Teambesprechungen in Abwesenheit des Chefs

Nun haben wir die Situation der Stellvertreter in Anwesenheit des Chefs ausgeleuchtet. Ganz neu stellt sich die Situation dar, wenn der Chef nicht da ist, wenn Sie also die Teambesprechung leiten.

 Übung: Ihr Verhalten in Teambesprechungen bei Abwesenheit des Chefs

Beantworten Sie vorab bitte einmal folgende Fragen, indem Sie jeweils rechts die für Sie am besten zutreffende Antwort ankreuzen:

1. Wo sitzen (oder stehen) Sie als Stellvertreter, wenn der Chef nicht da ist und Sie eine Teambesprechung leiten?

a. Ich sitze da, wo ich immer sitze.	
b. Ich sitze da, wo sonst der Chef sitzt.	
c. Ich sitze irgendwo dazwischen oder an einem anderen Platz.	
d. eigene Variante	
Platz für Notizen:	

2. Wie treten Sie auf, wenn der Chef nicht da ist und Sie eine Teamsitzung leiten?

a. Ich trete nicht anders auf als sonst.	
b. Ich trete etwas tougher und entschiedener auf als sonst.	
c. Ich trete lockerer als sonst auf und lasse dem Gespräch mehr Freiraum.	
d. eigene Variante	
Platz für Notizen:	

3. Wie gehen Sie in solchen Besprechungen mit Kritik und Widerstand aus dem Team um?

a. Ich versuche zu vermitteln, zu erklären und dezent zu steuern, wie ein typischer Stellvertreter eben.	
b. Ich bin mehr als sonst bereit, Grenzen zu ziehen und klare Entscheidungen zu treffen.	
c. Ich bin eher zurückhaltend und setze darauf, dass Widerstand sich in einem moderierten Teamgespräch von selbst neutralisiert.	
d. eigene Variante	
Platz für Notizen:	

Danke, zu Ihren Antworten kommen wir später zurück. Schauen Sie sich erst einmal an, wie Frau Zeller klarkommt, wenn der Chef in Teamsitzungen abwesend ist:

Frau Zeller ist jetzt schon ein Jahr im Amt und hat sich bestens eingefunden. Ihr Chef hat das auch gemerkt und deshalb beschlossen, einmal richtig Urlaub zu machen. Er hat irgendwie vier Wochen freigeschaufelt und ist nach Australien verschwunden. Die beiden haben abgesprochen, dass Frau Zeller ihn nur im äußersten Notfall über eine private E-Mail-Adresse erreichen kann.

Gleich bei der ersten Teambesprechung stellt sich heraus, dass ein wichtiger Software-Entwickler langfristig erkrankt ist. Im Team beginnt sofort eine Diskussion darüber, wie die Arbeit umzuverteilen wäre, oder genauer: Wer alles auf gar keinen Fall zusätzliche Arbeit übernehmen kann. Bevor Frau Zeller so richtig einschreiten kann, fliegen schon Vorwürfe durch den Raum: „Wenn ich so pünktlich Feierabend machen würde wie du ..."

Frau Zeller fühlt sich wie im falschen Film: Diesen Ton erlauben sich die Kollegen nicht, wenn der Chef dabei ist. Für einen Moment hätte sie gern, dass er auf seinem Platz sitzt. Dabei fällt ihr auf, dass sie auf ihrem üblichen Stuhl sitzt. Der Chefplatz ist leer.

Die Frage des Sitzplatzes: reine Nebensache? Mitnichten. Bleibt der Stuhl der verantwortlichen Führungskraft tatsächlich unbesetzt, dann ist das eine Botschaft. Diese *muss* keine Bedeutung für jedes Team haben. Sie *kann* es aber sehr wohl. Für eine Stellvertreterin wie Frau Zeller ist es jedenfalls wichtig zu entscheiden: Bleibe ich auf meinem üblichen Platz oder besetze ich den Chefplatz? Die Antwort hängt von vielen Faktoren ab. Im genannten Beispiel – Einarbeitung abgeschlossen, lange Abwesenheit des Chefs – spricht viel dafür, eindeutig in die Führungsrolle zu gehen und folglich den entsprechenden Stuhl zu besetzen.

Führung hat einen Ort, rein physisch, oder anders gesagt: Menschen gewöhnen sich daran, dass die Macht meistens von einer bestimmten Stelle im Raum ausgeht. Sie achten besonders auf die Körpersprache und Mimik der Person auf dem Chefstuhl. In der Regel ist das die kurze Seite eines Tisches oder – an einem ovalem Tisch – die breitere Seite (Abweichungen sind möglich und oft sinnvoll). Wenn ein Stellvertreter über längere Zeit ganz und gar i. V., also verantwortlich und eigenständig führen soll, dann hilft es ihm, diesen Ort auch physisch zu besetzen.

Frau Zeller hat Mühe, die streitenden Kollegen wieder einzufangen. Sie vertagt erst einmal das Problem und beendet die Besprechung rasch. Anschließend führt sie Einzelgespräche und moderiert eine Lösung zwischen den wichtigsten Beteiligten. Danach aber sagt sie sich: „So was passiert mir nicht noch einmal!"

Sie analysiert die Situation bei der Besprechung und beschließt, klarer in die Führung zu gehen. Sie setzt sich ab jetzt auf den Chefplatz. Sie führt das Gespräch straffer. Sie setzt sogar einem Gegenspieler Grenzen, als dieser sich abfällig über den Vorschlag eines Mitspielers äußert. Sie will sich das Heft nicht wieder so leicht aus der Hand nehmen lassen.

In solchen Besprechungen besteht die Kunst des Stellvertreters darin, wie der Chef selbst zu führen – auch wenn man nicht über die gleichen Machtmittel und die gleiche Führungsautorität verfügt. Der richtige Sitzplatz ist ein erster Schritt. Aber es gibt noch mehr Tricks, wie man sich am Konferenztisch als echter i. V. zeigen kann, der die Gesprächsfäden in der Hand behält und sich auch gegen Widerstände durchsetzt.

Tipps für eine klare Führung in Besprechungen bei Abwesenheit des Chefs:

- Überlegen Sie sich, welchen Sitzplatz Sie wählen. (In Abwesenheit des Chefs sollten Sie normalerweise auf dessen Stuhl sitzen.)
- Eröffnen Sie unbedingt selbst die Sitzung (Begrüßung und Auftakt) und schließen Sie sie auch (Dank und Verabschiedung).

- Spannen Sie Ihren Körper an (z. B. durch eine wache, aufrechte Sitzhaltung). Ihre Körpersprache soll ausdrücken: Der Stellvertreter ist jetzt nicht mehr freundlicher Unterstützer, sondern Spielmacher und damit Mittelpunkt des Geschehens. Das sollte man Ihnen ansehen.
- Sprechen Sie machtbewusst. Das heißt: Lassen Sie sich nicht unterbrechen. Sprechen Sie gut vernehmbar, aber nicht laut. Sprechen Sie betont. Heben Sie punktuell die Stimme.
- Bleiben Sie bei Widerstand und Kritik sachlich. Sprechen Sie eher langsamer und leiser. Nehmen Sie Augenkontakt auf. Werden Sie insgesamt eindringlicher.
- Sagen Sie, wenn nötig, auch einmal entschiedene, engagierte Sätze wie: „Moment einmal, persönliche Angriffe bringen uns jetzt nicht weiter.", „Bitte nicht in diesem Ton!".

Besonders das machtbewusste Sprechen ist nicht einfach für Stellvertreter, deren Rolle ansonsten eher auf Ausgleich und Augenhöhe angelegt ist. Und ein Stellvertreter darf auch nicht urplötzlich so auftreten, dass alle denken: „Ach guck einmal, kaum ist der Alte nicht da, lässt er aber so richtig den Chef raushängen." Es geht hier um Nuancen. Wenn der Chef abwesend ist und Konfliktthemen aufkommen, muss ein Stellvertreter in der Lage sein, sie zu klären und eine Linie vorzugeben. Das ist schwierig, wenn er sich genauso verhält wie sonst in Anwesenheit des Chefs. Es braucht also die kleinen Unterschiede.

Das Problem ist, dass man das Spiel auf der Klaviatur der kleinen Unterschiede nur in der Praxis lernen kann, über Versuch und Irrtum. Man kann sich Tipps wie „Sprich leiser, wenn du mehr Wirkung willst." noch so schön vornehmen oder sogar einüben. Im entscheidenden Moment klappt's dann oft nicht so richtig. Genauso wichtig wie die einzelnen Tipps ist deshalb die Haltung, aus der heraus man am Besprechungstisch agiert. Deshalb lohnt sich an dieser Stelle ein zweiter Blick auf das Spielmachermodell.

4.1.4 Stellvertreter als Spielmacher

Als Stellvertreter stehen Sie bei längerer Abwesenheit des Chefs der natürlichen Erwartung gegenüber, dass Sie in die Spielmacherrolle gehen, unabhängig davon, wie Sie oder der Chef sich sonst verhalten. Man wird erwarten, dass Sie wesentliche Impulse für die Besprechung setzen: Anfang und Ende sowieso, dazu aber sollten Sie Themen aufrufen, Fragen stellen, Ergebnisse zusammenfassen, Umsetzungsschritte benennen.

Zugleich ist klar: Sobald Sie die Spielmacherrolle übernehmen, wird sich die Energie der Gegenspieler gegen Sie richten. Und jetzt wird es gefährlich. Denn Sie sind es nicht gewohnt, dass jedes Ihrer Worte auf die Goldwaage gelegt oder sogar gegen Sie gewendet wird. Für jeden Führungsanfänger ist es ein wichtiger Lernschritt, mit Kritik an den eigenen Einschätzungen und Entscheidungen umzugehen, auch und gerade für Stellvertreter. Denn sie stehen sonst nicht im Feuer.

Jetzt, in Abwesenheit des Chefs, bleibt Ihnen wenig anderes, als jene engagierte Sachlichkeit und machtbewusste Gelassenheit auszuprägen, die gute Führungskräfte auszeichnet. Sicher sind auch Schlagfertigkeit und Humor nicht zu unterschätzen, aber noch mehr kommt es auf Ihre innere Haltung an. Nehmen Sie die Kritik der Gegenspieler also ernst, aber nicht persönlich. Machen Sie sich klar, dass es nicht gegen Sie geht, sondern dass da gerade sozusagen ein unbewusstes gruppendynamisches Programm mit den Beteiligten abläuft. Es ist Ihr Job, das nicht übel zu nehmen, sondern aus jeder Kritik – und sogar noch aus jedem Angriff – den sachlichen Gehalt herauszufiltern.

Wenn Sie Besprechungen leiten, sind Sie eben Spielmacher, nicht mehr Mitspieler. Solange die Gegenspieler nicht beleidigend werden (gegen Sie oder andere), bleiben Sie einfach stur in der Spielmacherrolle. Sie lassen allerlei, was nach Kritik und Infragestellung aussieht, an sich vorbeiziehen, bleiben bei der Sache und richten Ihren Ehrgeiz darauf, gemeinsam zu guten Ergebnissen zu kommen, unabhängig vom Ton oder von der Stoßrichtung einzelner Gesprächsbeiträge.

 Bei längerer Abwesenheit des Chefs wird der Stellvertreter in Besprechungen automatisch zum Spielmacher. Der oder die Gegenspieler werden ihn infrage stellen. Dagegen helfen in der Sitzung selbst nur engagierte Sachlichkeit und machtbewusste Gelassenheit.

Auswertung der Übung

Schauen Sie sich jetzt noch einmal Ihre Kreuze bzw. Antworten bei der Übung am Anfang dieses Abschnitts an. Welche Antworten haben Sie meistens gewählt?

a) Hatten Sie eine Tendenz zu den mit a. bezeichneten Antworten? Sie ahnen es inzwischen schon: Darüber sollten Sie noch einmal nachdenken. Denn alle a.-Antworten laufen darauf hinaus, möglichst nichts zu verändern an Ihrem Auftreten in der Besprechung, wenn der Chef nicht da ist. Das ist aber problematisch. Die Situation ist nicht die gleiche, wahrscheinlich müssen Sie auf die Veränderung reagieren. Am besten reagieren Sie nicht erst, wenn sich das Verhalten der anderen Beteiligten – Gegenspieler, Mitspieler, Zuschauer – ändert, sondern schon vorher. Deshalb überlegen Sie sich in Abwesenheit des Chefs genau, ob Sie sich woanders hinsetzen, eine andere Haltung einnehmen, ein anderes Auftreten probieren. Und machen Sie sich bereit, Kritik und Widerstand mit engagierter Sachlichkeit zu begegnen.

b) Hatten Sie eine Tendenz zu den mit b. bezeichneten Antworten? Im Prinzip wäre das gut, denn dann gehen Sie in Ihrem Auftreten, der Sitzposition und im Konfliktverhalten stärker in die Rolle des Chefs. Das müssen Sie auch. Allerdings: Überziehen dürfen Sie nicht. Sie sind nicht Chef, sondern Stellvertreter. Hier ist also Fingerspitzengefühl gefragt: Einerseits klar die Spielmacherrolle einnehmen, sich aber andererseits nicht als Big Boss aufspielen. Darauf kommt es an. Ebenso sollten Sie darauf achten, Kritikern die Stirn zu bieten, aber nicht aggressiv gegen sie vorzugehen.

c) Hatten Sie eine Tendenz zu den c.-Antworten? Vorsicht, das könnte nach hinten losgehen. Nichts ist dagegen zu sagen, dass Sie für eine gute Teamatmosphäre sorgen, aber wenn Sie die Zügel allzu deutlich schleifen lassen, dann könnten das einige missverstehen, die schon lange unzufrieden mit allem sind. Und wenn zum Beispiel zwei Gegenspieler erst einmal richtig aufdrehen, dann ist es schwierig, die Besprechung wieder einzufangen.

d) Hatten Sie eigene Ideen: Wunderbar! Achten Sie nur darauf, dass Sie nicht so tun, als sei alles wie immer. Wie immer Sie auch führen – je individueller, desto besser –, es kommt darauf an, dass die anderen Beteiligten es spüren. Wenn Sie Ihren Leitungsanspruch durch eine gute Körperspannung und Gestik deutlich machen können, wunderbar. Vielleicht starten Sie auch lieber mit einführenden Worten, die deutlich machen: „Wir haben viel vor uns und ich sehe mich in der Verantwortung, dass wir das konzentriert angehen." Es kommt auf die innere Haltung an und die sollte sein: „Der Chef ist weg, aber die Besprechung braucht einen Spielmacher. Das bin ich."

4.2 Motivation von Mitarbeitern

In einer Phase des echten i. V.-Führens betreten Sie als Stellvertreter Neuland. Sie müssen sozusagen aus der Deckung kommen, die Ihnen die Stellvertreterrolle bietet. Sie gehen eindeutig in die Führung.

Solche Situationen begegnen Ihnen – ob i. V. oder i. A. – immer häufiger, je länger Sie als Stellvertreter arbeiten. Die Lage erfordert es dann, dass Sie andere Menschen tatsächlich „führen", und zwar dahin, wohin Sie es für richtig halten. Im Kern heißt das: Ein Mitarbeiter soll etwas tun, das Sie wollen. Und er soll das auch noch weitgehend freiwillig tun, denn Zwangsmittel haben Sie keine. Das hinzubekommen nennt man landläufig „motivieren".

Nun soll man sich das bitte nicht so vorstellen, dass Mitarbeiter leere Gefäße sind und die Führungskraft den kostbaren Saft der Motivation hineinschüttet, damit endlich einmal was passiert. Das wäre vom Ansatz her falsch und würde zudem die Motivationswirkung von Führungshandeln überschätzen. Führungskräfte sind zuerst einmal dazu da, demotivierende Effekte zu erkennen und abzubauen, damit die grundsätzlich vorhandene Motivation des Mitarbeiters zum Zuge kommt. Sie werden mehr erreichen, wenn Sie Ihre Mitarbeiter und Kollegen als per se motiviert ansehen. Dann können Sie herausbekommen, was im konkreten Fall einen zusätzlichen Schub geben könnte.

Im Folgenden wird eine kleine Motivationslehre für Stellvertreter vorgestellt. Die Motivationsbemühungen beginnen dabei lange vor der konkreten Situation, in der Sie den motivierten Einsatz des Mitarbeiters brauchen, und endet genau dort, wo Sie bei einem extrem unwilligen, renitenten Mitarbeiter zu härteren Maßnahmen greifen, also etwa den Chef einbeziehen müssen. Sie können daraus ablesen, dass es auf den guten Dialog, auf Kontakt, Wertschätzung und pragmatische Problemlösung ankommt, wenn Sie als Stellvertreter Ihre Mitarbeiter zum motivierten Arbeiten bewegen möchten.

Die folgenden Tipps beziehen sich auf die Übertragung einer größeren Aufgabe an einen Mitarbeiter. Zunächst schauen wir auf die Vorbedingungen. Es geht also noch gar nicht um die konkrete Aufgabe.

Tipps zur Motivation von Mitarbeitern

Vorbedingungen für Motivation

- Behalten Sie die Basisbedingungen im Auge.
  Als Stellvertreter sollten Sie grundsätzlich den Blick offen halten für die sogenannten „Hygienefaktoren" der Motivation. Damit sind die Basisbedingungen der Arbeit genannt: Haben alle Mitarbeiter einen ordentlichen Arbeitsplatz? Werden Sie angemessen bezahlt? Können sie ihre Arbeit im vorgesehenen Zeitrahmen schaffen? Ein bisschen Einfluss auf solche Dinge haben Sie schon. Wenigstens sollten Sie versuchen, ihn zu nutzen. Denn wenn es an solchen Basisbedingungen hapert, kommen Sie im konkreten Motivationsgespräch nur schwer weiter.

- Bedenken Sie die Begleitfaktoren.
  Ebenso sind Sie mitverantwortlich dafür, dass Arbeitsprozesse möglichst gut organisiert sind, dass es grundsätzlich fair bei Ihnen im Team zugeht, dass Entscheidungen nicht ewig verschleppt werden. Das läuft nirgendwo perfekt und oft müssen alle Beteiligten Abstriche machen. Aber wiederum gilt, dass Sie am besten motivieren können, wenn Sie sich für solche Begleitfaktoren interessieren.

- Loben Sie und feiern Sie Erfolge.
  Einer muss den Anstoß dafür geben, dass größere und kleinere Erfolge benannt und gefeiert werden. Das ist oft der Stellvertreter. Damit kann er viel für die grundsätzliche Motivation im Team tun. Und wenn er dann noch vor Zeugen ein differenziertes und begründetes (also nicht bloß taktisches) Lob äußert, dann entsteht ein höchst motivierendes Klima.

- Seien Sie Vorbild.
  Der Stellvertreter sollte auch im Blick haben, dass man schlecht Einsatz und Engagement von den Mitarbeitern fordern kann, wenn die Chefs (und dazu zählt er auch) das selbst nicht bringen.

- Zeigen Sie, dass Sie den Mitarbeiter sehen.
  Feedback, Dialog und Kontakt sind zentral im Führungsgeschehen. Hier gleicht ein guter Stellvertreter oft aus, was ein Chef nicht leisten kann oder will. Er setzt sich genauer mit den Einzelnen auseinander, nimmt etwa auch private Belastungen wahr, weiß eher, wie es einem Mitarbeiter eigentlich gerade geht. Und wenn der das auch noch mitkriegt, ist eine weitere Vorbedingung für motiviertes Arbeiten erfüllt.
- Bauen Sie Vertrauen auf.
  Der Stellvertreter kann trotz der Distanz, die er als Mitglied des Führungsteams automatisch hat, auch gezielt gute Arbeitsbeziehungen pflegen. Das kostet vielleicht Zeit und Energie, aber die Früchte wird er ernten, wenn er Kollegen für eine schwierige Aufgabe gewinnen will.

Motivation für eine bestimmte Aufgabe, die der Mitarbeiter erledigen soll

- Wählen Sie Aufgaben sinnvoll aus.
  Welche Aufgabe passt zu wem? Woran kann der Mitarbeiter anknüpfen, an welche Erfahrungen, welche Interessen? Hier steht der alte Führungsgrundsatz im Hintergrund, dass es keine faulen Mitarbeiter gibt, sondern nur Mitarbeiter am falschen Platz oder in der falschen Situation. Er stimmt nicht zu hundert Prozent, aber gibt doch einen wichtigen Hinweis zur Motivation: Wo immer möglich, sollte man auf die Eigenmotivation des Mitarbeiters aufbauen.
- Stellen Sie Fragen.
  Anstatt sofort mit heftigen Anforderungen und Druck auf den Mitarbeiter zuzugehen, sollte ein Stellvertreter den Mitarbeiter lieber als Experten für diese Aufgabe ansehen. Deshalb stellt er im Delegationsgespräch auch Fragen, zum Beispiel diese: „Kannst du das schaffen?" Ausgerechnet sie schneidet in Motivationstests als besonders wirkungsvoll ab.
- Wecken Sie Engagement.
  Es geht auch darum, die Reize einer Aufgabe anschaulich darzustellen. Nicht im Sinne des amerikanischen Pep-Talks („Du schaffst es.", „Du wirst der Champion sein, unausweichlich!"), sondern indem der Stellvertreter erklärt, welche anspruchsvollen Ziele mit einer Aufgabe verbunden sind, worauf es ankommt, welche Entwicklungschance für den Mitarbeiter in der Aufgabe steckt.

- Machen Sie Ziele transparent.
  Worum geht es bei einer Aufgabe eigentlich? Welche übergeordneten Ziele werden verfolgt? Was bedeutet es für das Unternehmen, wenn der Mitarbeiter die Aufgabe motiviert erledigt? Wer profitiert noch davon? Das alles kann ein guter Stellvertreter vermitteln. Er sorgt für Transparenz und setzt auf die Einsicht des Mitarbeiters, dass es sinnvoll ist, sich zu engagieren.
- Argumentieren Sie.
  Gerade gute Mitarbeiter stellen Rückfragen. Bei schwierigen oder aufwendigen Aufgaben werden das kritische Fragen und Bedenken sein. Der gute Stellvertreter weiß, dass er dann Argumente bringen muss, erklären, erläutern, Verständnis erzeugen. Motivation mag ein emotionales Geschehen sein, aber sie braucht als Begleitmusik die rationale Auseinandersetzung, das klärende Gespräch.
- Gehen Sie auf Bedenken ein.
  Wer will, dass sich andere bewegen, muss sich auch selbst bewegen. Gut möglich, dass der Mitarbeiter genauer überblickt, was eine Aufgabe bedeutet und wie sie zu lösen wäre. Gerade ein Stellvertreter sollte Mitarbeiter nicht abmeiern, wenn sie Probleme benennen, sondern sich ins Zeug legen, um diese Probleme zu lösen. Auch Deals müssen gemacht werden: „Wenn du dies gut machst, bekommst du das." Ein Stellvertreter wird um solche Kompromisse nicht herumkommen. Aber die sind nicht schlimm. Auch Deals sind eine Art, dem Mitarbeiter zu zeigen, dass man ihn ernst nimmt.
- Setzen Sie gezielt Anreize, die nichts mit der konkreten Arbeit zu tun haben.
  Auch Prämien, Gehaltserhöhungen und Incentives können zur Motivation eines Mitarbeiters beitragen. Dies wirkt dann am besten, wenn bis zur Belohnung noch eine gewisse Zeitspanne bleibt, in welcher der Mitarbeiter zeigt, was er leisten kann. Nachteil: Schon bald nach Erhalt der Belohnung lässt die Motivationswirkung rapide nach. Und: Psychologisch entsteht eine Art Sog hin zur nächsten Belohnung, die dann am besten noch größer ausfallen soll ...
- Bleiben Sie beharrlich.
  Immer noch nichts erreicht? Nicht aufgeben, erst einmal dabei bleiben, dass dieser Mitarbeiter den Beitrag leisten sollte, den man von ihm verlangt. Aber erst einmal vertagen und eventuell Rücksprache mit dem Chef halten.

Sie haben jetzt zwei Schlüsselsituationen des Führens im Alltag durchdrungen: Besprechungen und Motivationsgespräche. Beide haben für erfahrene Stellvertreter ihre speziellen Reize. Besprechungen sind so etwas wie die Bühne des Teamgeschehens. Dort passiert vieles, was mit der Sache eigentlich nichts zu tun hat: Rangordnungen werden ausgefochten, Sympathien und Antipathien ausgelebt, Rituale begründet und Regeln ausgehandelt. Das alles können Sie als erfahrener Stellvertreter gelassen beobachten und da eingreifen und mitmischen, wo Sie es für richtig halten.

Wenn es darum geht, Mitarbeiter zu motivieren, dann wissen Sie jetzt: Motivationsarbeit ist immer zu leisten, nicht nur, wenn man gerade etwas vom Mitarbeiter will. Motivation beruht mindestens ebenso sehr auf dem alltäglichen Teamgeschehen wie auf dem, was Sie in einer konkreten Situation gerade fordern, anbieten oder versprechen.

In beiden Fällen ging es schon implizit um die Dynamik im Team. Mehr als allen anderen Beteiligten sollte Ihnen als Stellvertreter klar sein, dass ein Team nicht ein Set von Legosteinen ist, das einmal zusammengebaut wird und dann so bleiben soll, sondern dass Teams sich dauernd verändern und neu konstellieren. Die Teamdynamik gehört einfach dazu. Ihr Wissen darüber hilft Stellvertretern nicht nur in Konferenzen, sondern auch in den vielfältigen Zweiergesprächen, die den Alltag der Führung bestimmen. Darum geht es im folgenden Kapitel.

 Auf einen Blick

- Kleinere Meinungsverschiedenheit können Chef und Stellvertreter vor dem Team klären, größere besser unter vier Augen.
- Stellvertreter verstehen, was in Teambesprechungen vor sich geht, und halten sich deshalb am Rand des Spannungsfeldes zwischen Chef und Team.
- Die beste Rolle für Stellvertreter ist die eines eigenständigen Mitspielers.
- Wenn der Chef länger fort ist, muss der Stellvertreter klar in die Spielmacherrolle gehen.

5 Souverän Führen und Delegieren

Sie erfahren hier:
- wie Stellvertreter mit Meinungsdifferenzen und Widerstand umgehen,
- wie Stellvertreter am besten Aufgaben delegieren und warum sie dabei sorgfältig vorgehen müssen,
- warum Stellvertretung eine Schule für gute Führung ist.

Was Sie direkt für Ihre Praxis brauchen:
- Sie lernen einen gelassenen Umgang mit Kritik und Widerstand.
- Sie lernen die sieben W-Fragen der Delegation als Hilfsmittel kennen.
- Sie erkennen, dass Stellvertretung Sie sehr gut auf weitere Führungsaufgaben vorbereitet.

Eine klare Haltung zu Ihrem Job, auf der Basis eines geklärten Rollenverständnisses, das ist, wie Sie inzwischen wissen, das wichtigste Hilfsmittel für Stellvertreter. Es gibt im Alltag unzählige Situationen, in denen Stellvertreter aus dieser Haltung heraus handeln müssen.

Fast immer sind das Gespräche, im Team oder mit einzelnen Mitarbeitern. Und in Gesprächen kann man nicht ewig überlegen, was denn jetzt die beste Reaktion wäre. Man muss rasch reagieren, sozusagen aus dem Bauch heraus. Am besten auch noch klug und schlagfertig.

Frau Zeller leitet immer noch alle Teambesprechungen. Der Chef kommt erst nächste Woche wieder. Gerade ist deutlich geworden, dass ein Projektteam eine Deadline nicht einhalten kann. Frau Zeller ärgert das, weil sie die Kollegen schon mehrmals darauf hingewiesen hat. In dem Projektteam geben zwei ältere Kollegen den Ton an, die beide auch im Betriebsrat sind und oft lautstark Arbeitnehmerrechte einfordern. Nicht immer an der richtigen Stelle, findet Frau Zeller, und obendrein in einem grundgenervten Ton, der ihr einfach nicht gefällt.

Einer der Kollegen hat gerade zu einer kleinen Rede angesetzt, in der er noch einmal grundsätzlich darlegt, warum das Projekt, aber eigentlich das ganze Team, viel zu schlecht mit Personal ausgestattet ist. „Da müsst Ihr Euch nicht wundern, wenn wir Termine reißen", schließt der Kollege. Das ist ein Affront, weil Frau Zeller sich immer sehr um Unterstützung für überlastete Projektteams bemüht. Bevor jetzt der andere Kollege in die gleiche Kerbe schlägt, muss sie etwas tun. Aber was?

Keine Frage, das ist ein Angriff auf die Leitung, sehr unspezifisch, mehr ein allgemeiner Vorwurf an „die da oben", aber dennoch: Frau Zeller bekommt gerade eine Breitseite ab und indirekt behauptet der Kollege etwas, das nicht stimmt: Und zwar, dass es keine Unterstützung für stark belastete Projektteams gäbe. Die junge Stellvertreterin könnte jetzt zurückschlagen und dabei die Machtkarte ziehen, etwa so: „Wir haben Euch alle Hilfe der Welt angeboten. Ihr habt das Problem einfach ignoriert. Das ist allein Eure Sache, da wieder rauszukommen! Und wenn Ihr was von uns wollt, dann bitte in einem anderen Ton!"

Das Spielmachermodell gibt einen Hinweis dazu, was dann passieren würde: Die Gegenspieler würden zurückschlagen. Die Stimmung würde sich aufheizen. Die Unbeteiligten würden einbezogen. Ein Machtkampf würde entbrennen, offen oder verdeckt. Und wenn Frau Zeller Pech hat, wendet sich am Ende ein größerer Teil des Teams gegen sie, weil sie rhetorisch überzogen hat. Wenn Stellvertreter die Machtkarte ziehen, stehen sie unter genauester Beobachtung. Mit anderen Worten: Die Option „Zuschlagen" ist wahrscheinlich nicht sehr ratsam für Frau Zeller.

Wäre dies besser? Frau Zeller sagt: „Mensch, das tut mir wirklich leid, dass es Euch so erwischt hat. Lasst uns doch einmal alle gemeinsam versuchen, wie wir das Projektteam unterstützen und den Termin irgendwie noch halten können!" Moment einmal, da würden sich die anderen Projektteams aber wundern. Sie bemühen sich dauernd um Termintreue und machen ungefragt und frühzeitig Überstunden. Und dann sollen sie für die, die am lautesten mosern und am wenigsten leisten, die Kohlen aus dem Feuer holen? Auch hier kann man Frau Zeller nur raten: Bitte nicht so, bitte nicht so soft.

5.1 Umgang mit Meinungsdifferenzen und Widerstand

Das „aus dem Bauch reagieren" hat eben so seine Tücken. Wenn man nicht aufpasst, reagiert man über, und zwar einmal in die eine, einmal in die andere Richtung. Die Kunst besteht eben darin, schnell und bis zu einem gewissen Grad spontan zu reagieren, aber dennoch nicht komplett unreflektiert. Das genau ermöglicht eine klare Haltung, die man sich erarbeiten kann. Die Basis dafür ist – gerade für Stellvertreter – ein geklärtes Rollenverständnis. Wer daran arbeitet, bereitet sich sozusagen auf Situationen vor, die er noch überhaupt nicht absehen kann. Er legt eine Art Rahmen oder Korridor für seine spontanen Reaktionen an.

Eine Stellvertreterin wie Frau Zeller arbeitet von Beginn an sehr bewusst an Ihrer Haltung. In der brisanten Besprechung bleibt ihr gerade deshalb wenig anderes, als den vorwurfsvollen Ton zurückzuweisen und das Projektteam an seine Selbstverantwortung zu erinnern. Sie wird den aufmüpfigen Herren zugleich nicht den Gefallen tun, sich auf einen Machtkampf einzulassen. Praktisch könnte das etwa so aussehen:

> *Frau Zeller gibt dem zweiten Kollegen mit einer Handbewegung zu verstehen, dass er jetzt nicht dran ist, und redet sofort selbst los: „Ich überhöre jetzt einmal den vorwurfsvollen Ton, den ich nicht angemessen finde. Und ich muss Euch an mindestens drei Versuche in den letzten Wochen erinnern, Euch vor genau dieser Situation zu warnen und Euch Hilfe anzubieten. Darüber müssen wir noch einmal reden. Aber das führt uns jetzt*

nicht weiter. Wir müssen das Problem lösen. Ich wüsste erst einmal gern, welche Schritte als nächstes anstehen ..."

Für die unbeteiligten Kollegen – und für die Zusammenarbeit in dieser Abteilung überhaupt – ist es wichtig, dass der anmaßende Ton und die Versäumnisse des Projektteams angesprochen werden. Klären kann man das in dieser Situation aber nicht. Dazu bieten sich andere Gesprächsformen an. Der entscheidende Trick ist, über die Konfliktthemen nicht zu schweigen, sie aber auch nicht vor Publikum auf den Tisch zu packen. Das genau ist jene machtbewusste Gelassenheit, auf die es ankommt.

Genauso wichtig ist es, gleich nach dieser Einleitung scharf umzuschwenken Richtung Problemlösung. Frau Zeller muss dann nur noch auf dieser Schiene bleiben und darf sich von Gegenreden, Zwischenrufen oder was auch immer nicht wieder auf den Konfliktpfad locken lassen. Jetzt ist engagierte Sachlichkeit angesagt.

Hier drückt sich Frau Zellers gereifte Haltung zu ihrem Stellvertreterjob aus: Sie kommt niemandem von oben herab, lässt sich aber auch nicht alles bieten. Sie denkt immer lösungsorientiert und kollegial, kann aber auch einmal eine Grenze ziehen. Sie muss nicht dauernd Recht behalten, registriert aber, wenn andere versuchen, sie selbst oder andere Mitarbeiter ins Unrecht zu setzen.

Provokation muss man ansprechen und gegebenenfalls zurückweisen. Oft ist es sinnvoll, sofort danach umzuschwenken und als Erster zur Sache zurückzukehren.

5.1.1 Mit Fragen führen

Das ist nicht nur in Besprechungen so: Immer wieder sehen sich Stellvertreter mit Angriffen gegen die Führung an sich oder gegen sich selbst konfrontiert. In den seltensten Fällen hilft es dann, sich auf einen solchen Hierarchiekonflikt ausführlich einzulassen. Was soll der Stellvertreter damit auch erreichen? Dass der andere Angst bekommt, die Folgen fürchtet, lieber kuscht? Wäre das erstrebenswert und wäre der Stellvertreter damit wirklich weiter? Viel souveräner wirkt es doch, wenn er sich seine Rolle und seine Kompetenz gar nicht streitig machen lässt und einfach bei der Sache bleibt. Deshalb lautet auch für Einzelgespräche das

Erfolgsrezept so: Auf Angriffe mit machtbewusster Gelassenheit reagieren und dann rasch zur sachlichen Problemlösung übergehen.

Wenn zum Beispiel ein Mitarbeiter im Delegationsgespräch einwendet: „So geht das doch gar nicht. Das funktioniert nicht!", kann man das als Unterstellung oder als Attacke gegen die eigene Kompetenz ansehen. Das bringt einen allerdings meist nicht weiter. Besser, erst einmal die Fakten klären: „Was funktioniert da nicht?" Und dann, wenn der Widerstand anhält, der Gesprächspartner aber keine überzeugenden Argumente vorweisen kann: „Sehe ich richtig: Du willst es einfach nicht so machen?" Und weiter: „Warum ist dir das so wichtig?" Oder: „Wie willst du die Aufgabe denn dann in dieser Zeit erledigen?" Oder: „Welche Bedingung müsste denn für dich erfüllt sein, damit du es so machen könntest?" Und schließlich: „Ich bekomme jetzt den Eindruck, dass du unbedingt eine formelle Anweisung von mir möchtest. Stimmt's? Und warum?"

Theoretisch kann man das mit den Fragen immer weiter treiben. Aber, wie schon die letzte Frage eben zeigt, man kommt dann in eine Grauzone, in der es schwierig wird. Glücklicherweise treiben auch starke Gegenspieler Gespräche selten so auf die Spitze.

Fragen sind deshalb so nützlich als Führungsinstrument, weil sie immer die Gelegenheit zur Einsicht und zur Verständigung bieten. Gerade Stellvertreter tun gut daran, sich durch Fragen Informationen zu holen und Zeit zu gewinnen: Sie haben keine Machtkarte, die sie locker spielen können. Und selbst wenn sie eine hätten, dürften sie diese nicht allzu oft nutzen.

Führen durch Fragen dämpft das Risiko für eine Eskalation. Was könnte der Stellvertreter am Ende einer Eskalation tatsächlich tun? Wenn ein Mitarbeiter sich weigert, eine klare Anweisung auszuführen, kann der Stellvertreter letztendlich nur noch zum nächsthöheren Vorgesetzten gehen, zum eigenen Chef oder, wenn der abwesend ist, zum Bereichsleiter, Geschäftsführer, Vorstand. Dann wird der Mitarbeiter zwar wahrscheinlich diszipliniert, aber der Stellvertreter sieht dabei schwach aus. Der Mitarbeiter bleibt verstockt, die Oberchefs sind genervt. Sich oben Hilfe zu suchen, ist deshalb allerletzte Notwehr für den Stellvertreter. Besser wäre es, er müsste diesen Weg nicht gehen.

 Ein starker Stellvertreter bringt sich möglichst nicht in die Situation, Vorgesetzte um disziplinarische Hilfe bitten zu müssen. Er führt am besten durch Fragen und Argumente, nicht durch Macht.

5.1.2 Gesprächsführung aus dem V-Modus

Es führt nichts daran vorbei: Stellvertreter sollten Widerstand möglichst durch geschickte Gesprächsführung eingrenzen oder auflösen. Deshalb kommen wir an dieser Stelle noch einmal auf das V-Modell zu sprechen, das Sie schon aus Kapitel 2 kennen (vgl. Bild 5.1). Sie erinnern sich? Der V-Modus sorgt am besten für gutes Verhandeln und für Verständigung. Mit einigen Zutaten aus dem Modus Emo + und manchmal auch dem Modus Emo – kommt man als Stellvertreter gut durch alle Konfliktgespräche.

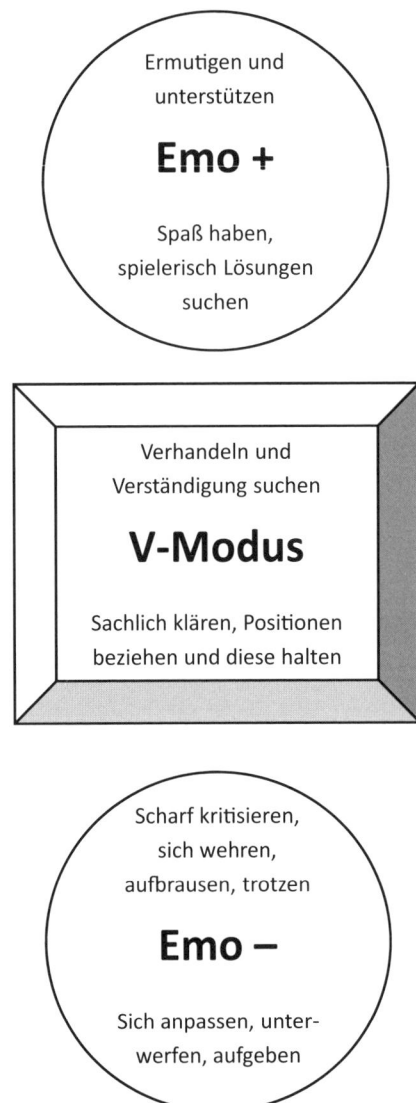

Bild 5.1
Das Emo-Modell

5.1 Umgang mit Meinungsdifferenzen und Widerstand

Wenn Mitarbeiter unsachlich werden, den Stellvertreter oder andere angreifen, sich verweigern und sich einfach nicht konstruktiv verhalten, sollte ein Stellvertreter die Hinweise aus Tabelle 5.1 aufgreifen.

Tabelle 5.1 Reaktionen eines Stellvertreters auf Vorwürfe und verbale Angriffe

Was kann ein Stellvertreter tun?	Modus
– zuhören (signalisiert durch häufigen, kurzen Augenkontakt sowie durch „Hm"-Laute)	V-Modus
– Sachfragen stellen („Wie meinen Sie das genau?", „Können Sie dafür ein Beispiel nennen?", „Was meinen Sie konkret?", „Ist das immer so?")	V-Modus
– moderierende Fragen stellen („Was würde für Sie das Problem lösen?", „Worum geht es Ihnen hier im Kern?", „Was genau erwarten Sie von mir in diesem Zusammenhang?")	V-Modus
– selbst Position beziehen und diese erläutern („Ich bin da anderer Meinung, weil ...", „Ich bin nicht einverstanden damit, wie Sie über xy reden.", „Ich bin überzeugt, dass das ein Fehler wäre.")	V-Modus
– die eigene Entscheidung sachlich feststellen und die Hintergründe und Ziele kurz erläutern („Ich bleibe dabei ...", „Es bleibt dabei ...", „Da gehe ich nicht mit.", „Mein Ziel ist ...", „Es geht mir an dieser Stelle um ...")	V-Modus
– sprachliche Brücken bauen („Wie kriegen wir die Kuh vom Eis?", „Ich mache einen Vorschlag ...", „Lassen Sie uns doch einmal über den Aspekt xy reden ...")	V-Modus
– Hindernisse beseitigen, Unterstützung organisieren („Gut, ich kann noch einmal mit A. reden ...")	Emo+
– schwierige Situationen mit humorigen Bemerkungen entkrampfen („Nun würden sich auch Eisbären bei uns wohlfühlen.", „Jetzt bräuchten wir einen guten Witz ...")	Emo+
– kurz Dampf ablassen, Verärgerung zeigen, dann sofort wieder sachlich werden und den Ton ändern („Das geht jetzt aber echt zu weit. Hör mit solchen Unterstellungen auf! Aber zurück zur Sache ...")	Emo – und V-Modus
– kurz und scharf Grenzen nachziehen, Regeln verdeutlichen, dann sofort wieder die Verständigung auf der Sachebene suchen („Ich überhöre einmal die Provokation und erinnere daran, dass persönliche Angriffe dieser Art nicht akzeptabel sind, und ich setze noch einmal bei meinem Vorschlag von vorhin an ...")	Emo – und V-Modus

Sich so zu verhalten, bedeutet nicht, dass man keinerlei Gefühle ausdrücken darf (etwa Ärger, Sorge), dass also Emo – verboten wäre. Aber der V-Modus bleibt doch der Dreh- und Angelpunkt. Man verzichtet bewusst darauf, sich dominant zu verhalten und den anderen abzuwerten oder anzugreifen. Man meidet den offenen Machtkampf und sei es nur, weil man einsieht, dass genau dieser Verzicht ein starkes Machtmittel ist.

Führung bedeutet für Stellvertreter meistens: Sachlich und konstruktiv verhandeln, gerade in Konfliktsituationen.

 Übung: Gesprächsführung im Konflikt

Manchmal kommt es hart. Sie treffen zuweilen auf Mitarbeiter, die sich komplett unkooperativ verhalten, vielleicht sogar offen feindselig. Oft kriegt man über die Gründe so schnell nichts heraus, die liegen vielleicht in der Vergangenheit (Wollte da jemand einmal selbst Stellvertreter werden?), vielleicht auch in privaten Schwierigkeiten (Ehekrach, Lebenskrise, finanzielle Notsituation ...). Als Stellvertreter sind Sie, bevor Sie sich's versehen, manchmal mitten in einem emotional hoch aufgeladenen Gespräch und müssen reagieren. Aber wie?

Vervollständigen Sie den folgenden Dialog und nutzen Sie dabei möglichst viele der Mittel, die in Tabelle 5.1 dargestellt sind.

Mitarbeiter (spricht Sie auf dem Gang an): Sag einmal, was ist denn das jetzt wieder für ein Scheiß?

Stellvertreter: ...

Mitarbeiter: Na, da im Dienstplan, den hast du doch gemacht. Da bin ich Dienstag für den Spätdienst an der Hotline eingetragen!

Stellvertreter: ...

Mitarbeiter: Das müsst ihr doch einmal langsam wissen, dass ich Dienstagabend nicht kann!

Stellvertreter: ...

Mitarbeiter: Da gehe ich immer zum Betriebssport. Und immer wieder kommt da was dazwischen. Und das habe ich dem Gerd (Abteilungsleiter) auch schon zigmal gesagt.

Stellvertreter: ...

Mitarbeiter: Aber ich hab' das echt satt. Immer muss ich am Ende die Sache ausbaden.

Stellvertreter: ...

Mitarbeiter: Das ist schon zigmal passiert. Das ärgert mich wirklich ungemein.

Stellvertreter: ...

Mitarbeiter: Mann, das stinkt mir aber echt. Ihr könnt mich mal alle.
Stellvertreter: ...

Mitarbeiter: Aber ich habe keine Lust mehr, dauernd sagen zu müssen ...
Stellvertreter: ...

(Stellvertreter geht weiter)

Eine von vielen möglichen Lösungen zu dieser Übung finden Sie am Ende dieses Kapitels.

■ 5.2 Delegieren von Aufgaben

Immer wieder geht es hier um die schwach ausgeprägte Machtposition des Stellvertreters. Dieses Defizit wird besonders stark spürbar, wenn ein Stellvertreter einen Mitarbeiter beauftragen will, eine Aufgabe zu erledigen. Sicher gibt es immer eine Reihe Mitarbeiter, zu denen man einen guten Draht hat. Sie nehmen die Aufgaben gern an und legen gleich los. Aber es gibt auch solche, die dem Stellvertreter reserviert gegenüberstehen und alles, was „von oben" kommt, kritisch hinterfragen. Hier kann es in der Situation „Aufgabenübertragung" zu Problemen kommen. Und dann entsteht bei den meisten Stellvertretern der innere Wunsch, das berühmte Machtwort sprechen zu können. Aber kann man das als Stellvertreter? Und sollte man es aussprechen?

In der Fachsprache hat es sich eingebürgert von Delegation zu sprechen, wenn es um die Aufgabenübertragung geht, obwohl das nicht ganz präzise ist. Denn man kann auch Aufgaben übertragen, ohne zu delegieren.

Delegation (vgl. Bild 5.2) heißt genau genommen: eine Aufgabe *sorgfältig* auf einen Mitarbeiter übertragen. Und sorgfältig heißt: Man macht sich Gedanken darüber, mit welchen Mitarbeiter man es zu tun hat (Erfahrung, Alter, Kompetenz), wie komplex die Aufgabe ist und in welcher Situation sich das Team gerade befindet (z. B. Weihnachtsgeschäft, Projektabgabe, Urlaubszeit). Die Delegation würde je nach Mitarbeiter, Aufgabe und Situation jeweils etwas anders ausfallen.

In dem in Bild 5.2 dargestellten Modell gibt es noch zwei weitere Arten, Aufgaben zu übertragen: Man kann einen bloßen Anstoß geben: „Hei Katja, hast du nicht Lust, einmal Ideen für die neue Marketingkampagne zu sammeln. Ja? Na super, dann bin ich gespannt." oder man kann eine präzise Anweisung geben: „Thomas, du schreibst bitte heute das Protokoll von unserer Sitzung, nur Ergebnisse, Bullet Points, nicht mehr als eine Seite. Schick es mir bitte bis heute Nachmittag um fünf."

Anstoß	Sorgfältige Delegation (je nach Mitarbeiter, Aufgabe und Situation)	Anweisung

← Gestaltungsfreiraum des Mitarbeiters nimmt zu

Einflussnahme des Auftraggebers nimmt zu →

Bild 5.2 Drei Arten, Aufgaben zu übertragen

Beim Anstoß hat der Mitarbeiter allen Gestaltungsfreiraum der Welt, nur das Thema ist vorgegeben. Bei der Anweisung gibt der Auftraggeber alles vor. Der Mitarbeiter soll genau genommen nicht viel denken, sondern einfach machen. Delegation ist das weite Feld dazwischen. Und genau da sollten sich Stellvertreter gut auskennen.

Den meisten Stellvertretern stehen knackige Anweisungen eher nicht gut zu Gesicht. Der Ton wirkt dabei oft ein bisschen von oben herab, und das passt nicht gut zu den Befugnissen eines Stellvertreters. Aber auch der bloße Anstoß ist meist nicht so richtig hilfreich für Stellvertreter. Eine der Hauptaufgaben von Stellvertretern ist es, Projekte und Prozesse voranzutreiben, *„to get things done"*, wie es die Briten so schön ausdrücken. Ein Anstoß vom Stellvertreter ohne jegliche Vorgaben und Termine wirkt auf manche Mitarbeiter wie ein unverbindlicher Vorschlag. Es kann sein, dass daraufhin nichts passiert oder dass zu lange nichts passiert. Eben deshalb tun Stellvertreter gut daran, sorgfältig zu delegieren.

Was heißt das im Einzelnen, sorgfältig delegieren?

- Die Aufgabe ist klar beschrieben, nicht nur allgemein als Thema, sondern mit mehr Details und präziser.
- Die Verantwortung für die optimale Umsetzung wird klar auf den Mitarbeiter übertragen.
- Der Mitarbeiter erhält auch die dafür nötige Entscheidungskompetenz.
- Er erhält die notwendigen Ressourcen.
- Am Ende steht mündlich oder schriftlich eine Vereinbarung, die besagt, was genau zu tun ist, bis wann und mit welchen Zielen.

Im Beispiel mit dem Protokoll, könnte der Stellvertreter also sagen: „Thomas, übernimm du bitte das Protokoll heute." Dann würde er aber sagen. „Ich denke an ein Ergebnisprotokoll. Und ich brauche das bis heute um fünf Uhr. Geht das?" Abschließen würde er dieses kurze Gespräch mit einem „Okay, du machst das?".

Eine sorgfältige Delegation schafft Klarheit. Sie macht dem Mitarbeiter so viele Vorgaben wie nötig. Sie lässt ihm so viel Freiheit wie möglich.

Wenn Sie als Stellvertreter einmal eine größere Aufgabe oder ein Projekt zu delegieren haben, dann gehen Sie vorher die folgenden Fragen durch. Sie werden sehen, dass eine sorgfältige Delegation oft ein paar wichtige Punkte mehr umfasst, als einem beim bloßen Drauflosreden so einfallen. Manchmal merkt man sogar noch vor Beginn des Delegationsgesprächs, dass man die falsche Person für die Aufgabe im Auge hatte. Dann hätte sich das Nachdenken gelohnt.

Sieben W-Fragen der Delegation

Wer soll es tun? (Person)

- Welche Voraussetzungen muss jemand für diese Aufgabe mitbringen?
- Wer ist geeignet für diese Aufgabe?
- Wer könnte behilflich sein?

Was soll getan werden? (Inhalt, Ziel)
- Welchen Umfang hat die Aufgabe? Welche Teilaufgaben umfasst sie?
- Welches Ziel wird angestrebt? Was soll das Ergebnis sein?
- Welche Schwierigkeiten und eventuell Abweichungen sind zu erwarten?

Warum soll es geschehen? (Hintergrund, Motivation, Konzept)
- Welche Zusammenhänge bestehen?
- Was muss man vom Hintergrund der Aufgabe wissen?
- Welche Bedeutung hat die Aufgabe für andere, für das Unternehmen insgesamt etc.?

Wie soll der Mitarbeiter es tun? (Umfang, Details)
- Wie soll er vorgehen?
- Gibt es Vorschriften und Grenzen, die zu beachten sind?
- Müssen andere Stellen, zum Beispiel Nachbarabteilungen einbezogen werden?

Womit soll er es tun? (Hilfsmittel, Ausrüstungen, Geld, Unterlagen)
- Wie verhält es sich mit den Kosten?
- Reicht die vorliegende Ausrüstung?
- Liegen alle relevanten Informationen vor?

Wann soll es erledigt werden? (Anfangs-, Zwischen-, Endtermin)
- Wie liegen die Termine?
- Wann muss der Mitarbeiter spätestens beginnen?

Wie viel Kontrolle werde ich als Stellvertreter ausüben?
- Wann werde ich nachfragen?
- Wie oft will ich mich vom Mitarbeiter über den Fortschritt informieren lassen?

Man muss das nicht alles haarklein mit dem Mitarbeiter durchgehen, schon gar nicht bei einer kleineren Aufgabe. Bei größeren Aufgaben kann es aber sinnvoll sein, alle Fragebereiche wenigstens kurz anzusprechen. Sorgfalt heißt hier, wissen, worauf es ankommen könnte, und dann im Delegationsgespräch pragmatisch die wichtigen Aspekte klären.

Delegieren heißt: Aufgaben, Entscheidungsbefugnis und Handlungsverantwortung übertragen. Der Mitarbeiter handelt dann selbstständig und wird unterwegs Entscheidungen treffen. Wie er die Aufgabe angeht, ist weitgehend ihm überlassen.

Delegieren heißt also nicht: lästige Tätigkeiten einmal eben und ohne genau hinzusehen nach unten weiterschieben. Eine Delegation braucht Aufmerksamkeit. Sie ist ein neuralgischer Punkt der Führungsarbeit, an dem viel schief geht. Viele Chefs delegieren entweder zu knapp und zu sehr von oben herab, weshalb die Mitarbeiter dann desorientiert sind, das Falsche tun und nicht genügend mitdenken. Oder die Chefs delegieren so weich und nett, dass unklar bleibt, was zu tun ist und warum.

Stellvertreter können sich solche Unschärfen am wenigsten leisten. Sie sollten Delegationsprofis sein, gerade weil sie nicht den gleichen Machtvorsprung haben wie die richtigen Chefs.

■ 5.3 Stellvertreter als Empfänger von Delegationen

Tatsächlich ist die Delegation für Stellvertreter eine noch komplexere Sache als für die Linienführungskräfte. Als Delegationsprofis wissen sie nicht nur, wie sie an Mitarbeiter delegieren, sondern sie entschlüsseln auch, wie ihre Chefs an sie selbst delegieren. Zunächst einmal müssen Sie erkennen (oder erfragen), wie eine Delegation des Chefs an Sie selbst denn eigentlich gemeint ist (vgl. Bild 5.3).

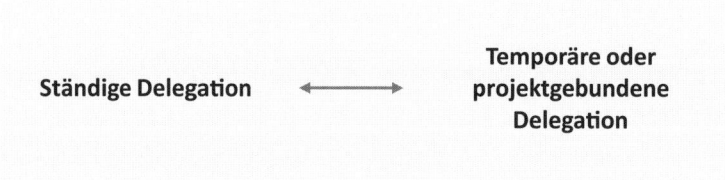

Bild 5.3 Dauer der Delegation

Herr Schaper, Frau Zellers Chef in der IT-Firma, sagt ihr: „Kümmern Sie sich ab jetzt um die Einsatzplanung für den Kundenservice." Das ist eine ständige Delegation (vgl. Bild 5.3). Wenn Herr Schaper aber sagt: „Fahren Sie bitte für mich zu dieser Fachtagung", dann ist das eine temporäre Delegation. Die Botschaft „Organisieren Sie bitte in diesem Jahr unsere Weihnachtsfeier." umfasst eine projektgebundene Delegation.

Globale Delegation ←——→ Spezielle Delegation

Bild 5.4 Umfang der Delegation

Herr Schaper sagt: „Ich möchte von Ihnen, dass Sie mich entlasten." Das ist eine globale Delegation (vgl. Bild 5.4). Wenn er sagt: „Ich schaffe es heute nicht in die Abteilungsleiterrunde. Gehen Sie da bitte für mich hin.", ist das eine spezielle Delegation.

Gewollte Delegation ←——→ Ungewollte bzw. von oben bestimmte Delegation

Bild 5.5 Gewollte und ungewollte bzw. von oben bestimmte Delegation

Herr Schaper: „Besprechen Sie dieses Problem bitte einmal mit den Leuten von der Dokumentation. Okay?" Wenn Frau Zeller „ja" sagt, ist das eine gewollte Delegation (vgl. Bild 5.5). Anders könnte es in diesem Fall ausgehen: „Sie sind ab jetzt verantwortlich für eine fehlerfreie Dokumentation. Das erwarte ich von Ihnen und das müssen Sie hinkriegen", sagt Herr Schaper. Frau Zeller gefällt das vielleicht überhaupt nicht, aber sie sieht keine Abwehrchance. Sie argumentiert kurz dagegen, schließlich nickt sie kurz und sagt „Okay, dann …". Sie weiß, dass die Verantwortung jetzt bei ihr liegt – eine ungewollte Delegation.

Erfahrene Stellvertreter klären gleich im ersten Moment, wie eine Aufgabe an sie delegiert wird. Frau Zeller könnte vor oder nach der Fachtagung zum Beispiel noch fragen: „Soll ich da jetzt eigentlich immer hinfahren oder nur diesmal?" Temporär oder ständig? Das ist eine interessante Frage für ihre eigene Arbeitsplanung. Sie könnte bei einer globalen Delegation so lange nachfragen, bis diese spezifisch und damit fassbar geworden ist. Sie könnte die ungewollte Delegation später noch einmal ansprechen und dem Chef erklären, dass sie die „fehlerfreie Dokumentation" gar nicht garantieren kann. Sie könnte dabei andeuten, dass sie ungewollte Delegationen nicht angemessen findet, wenn der Chef ansonsten von ihr erwartet, selbstständig mitzudenken und immer hochgradig loyal zu sein.

Genauso penibel sollte Frau Zeller aber auch an die Teammitglieder delegieren. Sie weiß, dass sie so eine Art Motor und Getriebe der Abteilung ist. Sie sorgt dafür, dass es vorangeht. Sie setzt ihr wichtigstes Werkzeug, das Delegationsgespräch, deshalb sehr sorgfältig ein.

> *Frau Zeller: Linda, ich habe mit Herrn Schaper über das neue XY-Projekt gesprochen. Wir haben das schon einmal allen vorgestellt. Wir fanden beide, dass du das leiten solltest.*
>
> *Linda: Hm, okay, aber wann geht das denn los?*
>
> *Frau Zeller: Projektstart ist am 1.9. Wir haben das noch etwas rausschieben können, weil wir wissen, dass du noch in dem Z-Projekt steckst.*
>
> *Linda: Ja, das ist gut.*
>
> *Frau Zeller: Du sollst die formale Projektleitung inklusive Budgetverantwortung haben. Das wird dann, glaube ich, neu für dich sein. Mach dir doch bitte einmal erste Gedanken, wie du rangehen willst und wen du voraussichtlich dazu mit welcher Kapazität brauchst. Können wir dazu eine Vorbesprechung so um den 20.7. rum machen?*
>
> *Linda: Das müsste gehen. Aber ich weiß noch gar nicht viel über den Auftrag.*
>
> *Frau Zeller: Sämtliche Unterlagen habe ich dir in einen Ordner gestellt. Und du kannst mich jetzt in der Anlaufphase jederzeit fragen, wenn du noch was brauchst. Wir möchten dir auch noch was zu den Hintergründen und der bisherigen Zusammenarbeit mit dem Kunden erzählen. Im Projektverlauf hast du dann natürlich selbst die volle Verantwortung. Da stehen wir dann nur noch in Notfällen bereit.*
>
> *Linda: Ich denke, ich werde jetzt erst einmal eine ganze Reihe Fragen haben.*
>
> *Frau Zeller: Ja klar, komm dann einfach rüber.*

Sie sehen es schon an der Länge der Sprechtexte: Frau Zeller hat einiges rübergebracht, während Linda erst einmal zurückhaltend reagierte. Das führt aber dazu, dass wichtige Grundfragen geklärt sind, z. B. dass es sich um eine temporäre und spezielle Delegation handelt (Projektarbeit), auch, dass die Delegation im ersten Schritt gewollt ist (für das Projekt selbst ist das noch nicht ganz klar). Auch die sieben W-Fragen sind zumindest im Ansatz beantwortet. Interessant wäre es jetzt nur noch zu wissen, ob das alles auch wirklich bei Linda angekommen ist. Aber das wird sich spätestens bei der Vorbesprechung zeigen.

5.4 Stellvertretung als gute Schule der Führung

Sie haben es beim Thema Delegation noch einmal deutlich gesehen: Stellvertreter müssen die besseren Führungskräfte sein. Ihre Mittel zum Erfolg sind fast alle schwach: Gespräche führen, gut organisieren, vorausdenken, die Menschen wahrnehmen, mit denen sie zu tun haben. Linienführungskräfte leisten sich deutlich mehr Schwächen und Ausrutscher – und in gewisser Weise können sie das sogar. Viele Mitarbeiter gleichen diese Schwächen aus, weil sie fürchten, dass ihnen sonst Konsequenzen drohen oder weil sie wissen, dass die Chefs auf zig anderen Hochzeiten tanzen müssen und selbst oft überfordert sind. (Die Reaktionen auf inkompetentes Verhalten von Chefs sind allerdings nach meiner Erfahrung in Deutschland, Österreich und der Schweiz oft nicht deckungsgleich. Es herrschen verwandte, aber verschiedene Führungskulturen.)

Beide Gründe für Nachsicht, Angst und Einsicht, gelten nicht im gleichen Maße gegenüber Stellvertretern. Die haben weniger Drohpotenzial und stehen unter genauerer Beobachtung. Wenn sie ihren Job nicht gut machen, werden sie es direkt zu spüren bekommen. Also führt nichts daran vorbei: Stellvertreter sollten sauber führen, Konferenzen gut moderieren, Konflikte sauber klären und genau delegieren.

Aus all dem folgt: Stellvertretung ist die Schule der guten Führung. Nicht zufällig durchläuft fast jeder, der im mittleren Management der Unternehmen einmal eine Führungsposition innehat, irgendwann eine Phase der Stellvertretung. Wenn das gut läuft, stehen die Chancen besser, dass auch weiter gehende Führungsaufgaben für diese Person passen.

Umgekehrt merkt man es manchen Konzernchefs an, dass sie früh gefördert wurden und rasch von einer Linienführungsposition zur nächsten aufgestiegen sind. Sie haben dann eben nicht als Stellvertreter geführt, sondern immer nur mit Macht und in klaren Verhältnissen. Das gibt ihnen vielleicht mehr Selbstsicherheit und Durchsetzungskraft. Es hilft ihnen auch, ihre strategischen Fähigkeiten zu entwickeln. Im kleinteiligen Geschäft der Mitarbeiterführung bleiben aber Defizite. Diese Schule der Führung – die Stellvertretung – haben sie eben nicht durchlaufen.

 Exzellente Stellvertretung heißt die bessere Führungskraft sein.

Wenn Sie nun in Ihrer Laufbahn schon eine Zeit lang Stellvertreter sind und das Einmaleins der Mitarbeiterführung gelernt haben, stellt sich irgendwann eine Frage: Wie weiter? Wollen Sie Stellvertreter bleiben, weil es sich genau richtig anfühlt? Wollen Sie selbst einmal ein ganz normaler Chef, eine Linienführungskraft werden? Darum geht es im nächsten Kapitel.

Auflösung der Übung

Und hier noch die Auflösung zu der Übung „Gesprächsführung im Konflikt". Sie erinnern sich an den Mitarbeiter, der Sie auf dem Gang anspricht und sich dann extrem aufregt. So wie nachstehend aufgeschrieben könnte ein Stellvertreter reagieren. Aber die jeweilige Antwort zeigt nur eine von vielen Möglichkeiten. Wichtig ist, dass Sie ein paar davon in Ihrem Repertoire haben und sicher und schnell aus dem V-Modus reagieren können (denn auf den V-Modus läuft es meistens hinaus), manchmal auch aus dem Gesprächsmodus Emo+ oder Emo–.

Tragen Sie in Tabelle 5.2, in der Spalte rechts bitte den Modus ein, den der Stellvertreter jeweils nutzt. Achtung: Manchmal ist es mehr als ein Modus pro Reaktion.

Tabelle 5.2 „Gesprächsführung im Konflikt" ohne Modi

	Modus
1. Mitarbeiter (spricht den Stellvertreter auf dem Gang an): Sag einmal, was ist denn das jetzt wieder für ein Scheiß?	**Emo –**
2. Stellvertreter (lächelt freundlich, verdutzt): Ich weiß nicht, wovon du sprichst. Und ich wundere mich über deinen Ton.	
3. Mitarbeiter: Na, da im Dienstplan, den hast du doch gemacht. Da bin ich Dienstag für den Spätdienst an der Hotline eingetragen!	**Emo –**
4. Stellvertreter: Ja. Und was ist das Problem?	
5. Mitarbeiter: Das müsst ihr doch einmal langsam wissen, dass ich Dienstagabend nicht kann!	**Emo –**
6. Stellvertreter: Ich weiß das nicht und muss das auch nicht wissen. Was ist denn das Problem am Dienstagabend?	
7. Mitarbeiter: Da gehe ich immer zum Betriebssport. Und immer wieder kommt da was dazwischen. Und das habe ich dem Gerd (Abteilungsleiter) auch schon zigmal gesagt.	**Emo –**

Tabelle 5.2 „Gesprächsführung im Konflikt" ohne Modi *(Fortsetzung)*

	Modus
8. Stellvertreter: Ja. Und seit Neuestem mache ich jetzt den Dienstplan und die Info ist nicht bei mir angekommen. Im nächsten Dienstplan berücksichtige ich das gern. Dieser ist jetzt schon raus. Da müsstest du schauen, dass du jemanden zum Tauschen findest.	
9. Mitarbeiter: Aber ich hab' das echt satt. Immer muss ich am Ende die Sache ausbaden.	Emo –
10. Stellvertreter: Das kann an mir nicht liegen. Ich mache das zum ersten Mal.	
11. Mitarbeiter: Das ist schon zigmal passiert. Das ärgert mich wirklich ungemein.	Emo –
12. Stellvertreter: Ja. Das kann ich verstehen und ich verspreche dir, dass ich künftig darauf achte. Solange nicht andere auch am Dienstagabend frei haben wollen und ich genügend Leute zur Auswahl habe, halte ich dich da raus. Für dieses Mal musst du das Problem lösen.	
13. Mitarbeiter: Mann, das stinkt mir aber echt. Ihr könnt mich mal alle.	Emo –
14. Stellvertreter: Den Ton überhöre ich jetzt einmal. Und es ist jetzt auch einmal gut. Wir kommen offensichtlich nicht weiter.	
15. Mitarbeiter: Aber ich habe keine Lust mehr, dauernd sagen zu müssen …	Emo –
16. Stellvertreter (scharfer Ton): Reden müssen wir hier schon miteinander. Und kleinere Pannen kommen überall einmal vor. Also lass uns jetzt einmal das Thema wechseln. (freundlicher Ton) Komm, du findest schon jemand, der das übernimmt. Wenn nicht, sprich mich noch einmal an. Bis später. (geht weiter)	

Welchen Gesprächsmodus haben Sie rechts am meisten eingetragen? Na klar, den V-Modus. Was würde es helfen, wenn der Stellvertreter den aufgebrachten Mitarbeiter gleich am Anfang per Emo – zum Schweigen bringt? Wahrscheinlich wenig. Der Ton des Mitarbeiters mag überzogen sein. Aber es geht um nichts Wichtiges und irgendwie kann man verstehen, dass er fordert, die Führungsleute sollen sich doch einmal besser untereinander abstimmen. Also heißt es: Klären, was eigentlich los ist und das weitere Verfahren beschreiben. Das kann man vielleicht sogar mit ein bisschen Emo+ würzen, aber zum größten Teil ist das lupenreiner V-Modus.

In den Äußerungen 3, 12, 14, und 16 geht der Stellvertreter über den V-Modus hinaus. Er beginnt in Emo+ oder Emo–. Danach schwenkt er gleich wieder in den V-Modus zurück.

Diese Gesprächsführung wirkt meist recht souverän. Und das war gemeint, wenn in diesem Kapitel gesagt wurde, ein Stellvertreter solle „sachlich und konstruktiv verhandeln, gerade in Konfliktsituationen". Auch er muss Grenzen aufzeigen und darf sich nicht auf der Nase herumtanzen lassen. Aber weiter kommt er fast immer nur im V-Modus, also durch Verständigung und Verhandlung.

Wie die Äußerungen den Gesprächsmodi zugeordnet werden, hängt auch davon ab, wie man sie ausspricht und betont. Deshalb werden eventuell auch unterschiedliche Modi notiert. Tabelle 5.3 zeigt einen Vorschlag, welche Modi zugeordnet werden könnten Tabelle 5.3.

Tabelle 5.3 „Gesprächsführung im Konflikt" mit Zuordnung der unterschiedlichen Modi

	Modus
1. Mitarbeiter (spricht den Stellvertreter auf dem Gang an): Sag einmal, was ist denn das jetzt wieder für ein Scheiß?	Emo–
2. Stellvertreter (lächelt freundlich verdutzt): Ich weiß nicht, wovon du sprichst. Und ich wundere mich über deinen Ton.	V-Modus (Emo+)
3. Mitarbeiter: Na, da im Dienstplan, den hast du doch gemacht. Da bin ich Dienstag für den Spätdienst an der Hotline eingetragen!	Emo–
4. Stellvertreter: Ja. Und was ist das Problem?	V-Modus
5. Mitarbeiter: Das müsst ihr doch einmal langsam wissen, dass ich Dienstagabend nicht kann!	Emo–
6. Stellvertreter: Ich weiß das nicht und muss das auch nicht wissen. Was ist denn das Problem am Dienstagabend?	V-Modus
7. Mitarbeiter: Da gehe ich immer zum Betriebssport. Und immer wieder kommt da was dazwischen. Und das habe ich dem Gerd (Abteilungsleiter) auch schon zigmal gesagt.	Emo–
8. Stellvertreter: Ja. Und seit Neuestem mache ich jetzt den Dienstplan, und die Info ist nicht bei mir angekommen. Im nächsten Dienstplan berücksichtige ich das gern. Dieser ist jetzt schon raus. Da müsstest du schauen, dass du jemanden zum Tauschen findest.	V-Modus Emo+ V-Modus

Tabelle 5.3 „Gesprächsführung im Konflikt" mit Zuordnung der unterschiedlichen Modi *(Fortsetzung)*

	Modus
9. Mitarbeiter: Aber ich hab' das echt satt. Immer muss ich am Ende die Sache ausbaden.	Emo –
10. Stellvertreter: Das kann an mir nicht liegen. Ich mache das zum ersten Mal.	V-Modus
11. Mitarbeiter: Das ist schon zigmal passiert. Das ärgert mich wirklich ungemein.	Emo –
12. Stellvertreter: Ja. Das kann ich verstehen und ich verspreche dir, dass ich künftig darauf achte. Solange nicht andere auch am Dienstagabend frei haben wollen und ich genügend Leute zur Auswahl habe, halte ich dich da raus. Für dieses Mal musst du das Problem lösen.	Emo + V-Modus
13. Mitarbeiter: Mann, das stinkt mir aber echt. Ihr könnt mich mal alle.	Emo –
14. Stellvertreter: Den Ton überhöre ich jetzt einmal. Und es ist jetzt auch einmal gut. Wir kommen offensichtlich nicht weiter.	V-Modus Emo –
15. Mitarbeiter: Aber ich habe keine Lust mehr, dauernd sagen zu müssen …	Emo –
16. Stellvertreter (scharfer Ton): Reden müssen wir hier schon miteinander. Und kleinere Pannen kommen überall einmal vor. Also lass uns jetzt einmal das Thema wechseln. (freundlicher Ton) Komm, du findest schon jemand, der das übernimmt. Wenn nicht, sprich mich noch einmal an. Bis später. (geht weiter)	Emo – V-Modus Emo +

Auf einen Blick

- Stellvertreter führen Gespräche am besten sachlich und zielorientiert.
- In Konfliktsituationen muss ein Stellvertreter manchmal auch einen schärferen Ton anschlagen. Der Trick ist, sofort danach zur Sache zurückzukehren.
- Vorsicht vor globalen Delegationen. Fragen Sie lieber beim Chef nach, was er genau meint.
- Stellvertreter haben guten Grund, ihre eigenen Delegationsgespräche sauber vorzubereiten.

6 Langfristige Strategie entwickeln

Sie erfahren hier:
- warum man Stellvertreter nicht einfach einsparen kann,
- wie Stellvertreter vergütet sein sollten,
- wie Sie eine langfristige Strategie entwickeln, die Ihnen Zufriedenheit bringt,
- vor was Sie sich beim Kaminaufstieg hüten sollten,
- warum eine Stellvertreterposition Ihre Entwicklung zur Führungspersönlichkeit fördert.

Was Sie konkret für Ihre Praxis brauchen:
- Sie können ausloten, ob und wenn ja wie viel mehr Gehalt Sie als Stellvertreter erhalten sollten,
- Sie lernen alles über die Gefahren von Putschfantasien,
- Sie können sich für einen Zukunftsweg entscheiden,
- Sie verstehen, warum Stellvertretung eine so gute Grundlage für verschiedene Folgetätigkeiten ist.

Wenn man erst einmal zwei, fünf oder sogar zehn Jahre Stellvertreter war, kommt irgendwann der Punkt, an dem man sich eine Frage stellt oder sie gestellt bekommt: „Will ich/willst du das eigentlich weitermachen?" Die Frage hat dann einen etwas anderen Klang als am Anfang eines Stellvertretereinsatzes. Damals, in den ersten Monaten, hat man sich vielleicht ernsthafte Gedanken gemacht, ob es das Richtige ist, ob man die Anforderungen der neuen Rolle bewältigt, ob die Zusammenarbeit mit dem Chef gelingen kann, ob man die wachsende Distanz zu den Teamkollegen ertragen möchte. Jetzt, nach einer längeren Lehr- und Lernphase, lautet die Frage anders: Bin ich auf Dauer richtig in der Funktion eines Stellvertreters oder will ich noch etwas Neues ausprobieren? Und wenn ja, was?

Tatsächlich ist die Stellvertreterposition Ausgangspunkt vieler Berufswege. In diesem Kapitel können Sie sich solche Wege erschließen. Zunächst aber müssen wir noch einen Aspekt betrachten, den wir bisher ausgeblendet haben: das Geld. Was bedeutet eine Stellvertreterposition eigentlich für das eigene Gehalt? Geld ist immer eines von mehreren Entscheidungskriterien für oder gegen einen Job. Für Stellvertreter ist es ein ziemlich kompliziertes Kriterium.

■ 6.1 Vergütung von Stellvertretern

Die Rolle und Bedeutung von Stellvertretern wird sehr verschieden bewertet, je nachdem, wen man fragt. So schätzen viele Personaler und speziell Personalentwickler die Rolle von Stellvertretern im Führungsgeschehen als überaus wichtig ein. Sie wissen, wie belastet die Linienführungskräfte sind und wie sehr diese von guten Stellvertretern profitieren. Zudem ist ihnen bewusst, dass Stellvertreterpositionen sich gut als Trainingsfeld für den Führungsnachwuchs eignen.

Doch es gibt auch Kräfte, die Stellvertreterpositionen ablehnen, zumindest für die unteren Führungsebenen. Das sind zum Beispiel betriebswirtschaftlich orientierte Controller sowie manche Geschäftsführer und Vorstände, die arg unter Kostendruck stehen. Sie sehen, dass offiziell eingesetzte Stellvertreter mit entsprechend höherer Vergütung die Firma Geld kosten, durch den Zuschlag aufs Gehalt, durch zusätzliche Fortbildungen oder durch Teilnahme an Coachingprogrammen. Der Gegenwert ist aus der Sicht eingefleischter Finanzverantwortlicher schwer zu greifen. Vielen erscheint es betriebswirtschaftlich sinnvoller, die Linienführungskräfte stärker in die Verantwortung zu nehmen. Von einer Abteilungsleiterin mit zehn Mitarbeiterinnen wird dann einfach erwartet, dass sie ohne Stellvertretung auskommt. Sie muss dann beispielsweise

- Führungsaufgaben, die in ihrem Urlaub anstehen, vorher oder hinterher erledigen,
- weitere Aufgaben zeitweise an verschiedene Teammitglieder delegieren („Kannst du bitte zu der Qualitätsmanagementsitzung gehen?", „Bitte leite die neuen Berechnungen an den Vertrieb weiter, wenn sie kommen."),
- für Rückfragen auch während Urlaubs- und möglichst sogar während Krankheitszeiten erreichbar sein, zumindest wenn es um etwas Wichtiges geht.

Wo das alles versagt – akutes Problem, Chefin einfach nicht erreichbar – muss dann ein sogenannter Peervertreter regeln, was zu regeln ist. Das ist eine Führungskraft auf gleicher Ebene, etwa der Leiter einer Nachbarabteilung. Die Abteilungsleiter müssen sich gegenseitig vertreten.

6.1.1 Stellvertretung und Unternehmenskultur

Nun muss man einräumen, dass diese Mischung gar nicht einmal schlecht funktioniert. So sagen viele Mitarbeiter nicht „nein", wenn sie vorübergehend mehr Verantwortung übernehmen können, und sie unterstützen die abwesende Führungskraft sogar gern, wenn diese ansonsten gute Arbeit macht. Ebenso fühlen sich viele Führungskräfte so verantwortlich für „ihren Laden", dass sie auf der Strandliege wie im Krankenbett wissen wollen, wenn etwas Wichtiges passiert. Schließlich erledigen Peervertreter Routineaufgaben (z. B. das Nachbuchen von Arbeitszeiten) einmal eben am Rande mit und beschweren sich nicht darüber. Der Laden läuft also irgendwie weiter und die Geschäftsführung spart das Geld für einen Stellvertreter.

Kurzfristig funktioniert das. Langfristig bringt dieses System folgende Nachteile mit sich:

- eine höhere Belastung für Linienführungskräfte,
- erhöhte Burn-out-Gefahr,
- höherer Fluktuation auf Führungsposten,
- weniger Arbeitszufriedenheit bei allen Beteiligten.

Aus ganz normalen, wichtigen Führungsaufgaben werden Probleme, die der eine zum anderen weiterreicht. „O je", sagt sich manche Peerführungskraft: „Jetzt ist Müller von der Nachbarabteilung drei Wochen weg. Das gibt wieder Durcheinander. Ich muss mich da möglichst raushalten." Mitarbeitern fehlen die Voraussetzungen, um zügig weiterarbeiten zu können. Der Chef kommt genervt aus dem Urlaub zurück, weil dauernd etwas hin und her zu mailen war, und eine Woche nach seiner Rückkehr ist er schon wieder urlaubsreif.

Der tägliche Blick aufs Smartphone erscheint gerade jüngeren Führungskräften als einziger Weg, Probleme während ihrer Abwesenheit zu vermeiden und Ruhe zu finden. Dass dies allem widerspricht, was man über echte Erholung weiß, liegt auf der Hand. Und im Extremfall schleppt sich so eine Führungskraft auch noch krank zum Job, weil sie vor dem Grippeanfall nicht mehr alles Wichtige delegieren konnte.

Ebenso gehen die Mitarbeiter ein Risiko ein. Was ist, wenn in der Qualitätsmanagementrunde Rückfragen von der Geschäftsführung kommen und sich ein grober Fehler herausstellt? Wer vertritt dann die Abteilung in angemessener Weise? Und wer übernimmt die Verantwortung bei akuten, aber weitreichenden Entscheidungen? Die nächsthöhere Führungskraft oder der Leiter der Nachbarabteilung? Kennen die wichtige Details? Haben sie Zeit, die Sachlage gründlich zu klären?

Solche Nachteile sind offensichtlich, wenn man Stellvertretungen einspart. Doch in manchen Firmen nimmt man sie in Kauf. Dass junge Führungskräfte sich ohne Stellvertreter übernehmen könnten, sieht man dort eher so: Solche Belastungsphasen sind ein Test. Wer damit klar kommt, ist für weitere Führungsaufgaben geeignet. Nach zwei, drei Jahren schickt man die Führungskräfte schon weiter, in den nächsten Test. Und nur jene, die es weiter nach oben schaffen, kommen irgendwann in den Genuss von mehr Unterstützung durch Chefsekretariate und – schließlich doch noch, weil es ab einer bestimmten Hierarchieebene juristisch kaum noch zu umgehen ist – sogar von Stellvertretern.

Das Verschiebesystem ist eine rationale Personalplanung. Es gibt Firmen, in denen das gut funktioniert, weil es zur Unternehmenskultur und letztlich zur Marktsituation passt. Die Gefahr ist jedoch nicht nur, dass junge Führungskräfte mangels Unterstützung zu schnell ausbrennen. Zudem kommt in solchen Systemen vor allem ein bestimmter Persönlichkeitstyp nach oben, und zwar der Distanztyp mit Ellenbogen und dickem Fell. Der wird zwar eine Zeitlang gute Ergebnisse bringen. Doch je komplexer seine Aufgaben werden, desto mehr treten die Nachteile seiner eingeschränkten Perspektive hervor. Am Ende könnte er, gerade weil er so belastbar ist und anderen so gut Druck machen kann, folgenschwere Fehlentscheidungen treffen. Der Abgasbetrug bei VW und die zahlreichen Gesetzesverstöße bei der Deutschen Bank zeigen, wie sich scheinbar erfolgreiche Unternehmen mit einer einseitig ausgerichteten Unternehmenskultur von innen zerlegen, und zwar binnen Monaten oder Jahren.

 Wo Zeitdruck herrscht, gibt es fast immer Stellvertreter.

Wo unter Zeitdruck wichtige Entscheidungen fallen müssen, dort gibt es praktisch immer eine Stellvertretung für Führungsjobs. Man stelle sich ein Jugendamt vor, das nicht jederzeit rasch auf Bedrohungslagen für Kinder reagieren könnte, eine Kundendienstabteilung, deren Mitarbeiter – in Abwesenheit des Chefs – nur im Konsens über eine Reklamation entscheiden können, eine Tageszeitungsredaktion, in der Redakteure bis morgens um vier über eine Überschrift diskutieren, eine Unfallchirurgie, die stillsteht, wenn der Chefarzt krank ist.

In solchen Organisationen ist es klar, warum Stellvertreter wichtig sind: Sie sparen Zeit und halten die Abläufe sozusagen flüssig. Genau das Gleiche leisten sie aber in jeder Abteilung und jedem Betrieb.

Deshalb noch einmal die fünf wichtigsten Argumente für Stellvertreter:
- Stellvertreter entlasten die Linienführungskräfte und verschaffen ihnen Raum für ihre strategisch wichtigen Aufgaben.
- Sie dehnen den Problemradar der Führung aus, bringen eine zweite Perspektive in die Entscheidungsprozesse und verbessern damit die Qualität von Entscheidungen.
- Sie sichern den Zusammenhalt und die Arbeitsfähigkeit von Teams, indem sie zusätzliche Verbindungskanäle zwischen Führung und Mitarbeitern öffnen.
- Sie sorgen für sichere Abläufe bei Krankheit und Urlaub und letztlich für belastbare Entscheidungen in Abwesenheit der Chefs.
- Sie sparen Zeit und sorgen für schlanke Abläufe.

Wenn es gut läuft, bekommt ein Unternehmen also für eine relativ geringe Zulage eine hohe Gegenleistung. Aber ob eine Organisation darauf Wert legt, das hängt von der Unternehmenskultur ab.

6.1.2 Kosten einer Stellvertretung

Damit zu den realen Kosten von Stellvertretung und zur Gehaltsbestimmung per Faustformel:

 Ein offiziell ernannter Stellvertreter wird in der Regel mehr verdienen als Teammitglieder mit gleichen Vorbedingungen, aber weniger als der Chef.

In vielen Firmen, gerade in solchen, die nicht tarifgebunden sind, gibt es nicht mehr Orientierung als diesen Pi-mal-Daumen-Erfahrungswert. Und selbst der ist nicht verlässlich. Ein blutjunger Stellvertreter wird trotz Zulage wahrscheinlich unterhalb des Gehalts einer erfahrenen Fachkraft liegen. Und das ist auch verständlich. In den allermeisten Unternehmen unterliegen die Bezüge dem Datenschutz und nur Linienvorgesetzte dürfen die Zahlen einsehen. Ob Stellvertreter Einblick in die Personalakten und in das Gehaltsbudget nehmen können, das ist Verhandlungssache und eher unüblich.

Was heißt das nun für Chef und Stellvertreter, wenn sie über das Gehalt des Stellvertreters verhandeln? Sie werden von dem bisherigen Gehalt des Stellvertreters als Fachkraft ausgehen und eine angemessene Zulage aushandeln. Wie hoch diese ausfallen sollte, hängt von vielen Faktoren ab. Sie lassen sich in vier Felder aufteilen:

- die Person des Stellvertreters,
- das Team/die Abteilung, in der er arbeitet,
- der Chef,
- das Unternehmen/Organisation.

Schauen wir zunächst auf die **Person** und ihre Qualifikationen:

- Welche besonderen Kenntnisse und Erfahrungen sind vorhanden (etwa Organisationskompetenz, Führungserfahrung, Projektleitungen etc.)?
- Hat sie schon länger eine informelle Stellvertretung ausgeübt und sich damit qualifiziert?
- Hat sie schon anderswo als Stellvertreter gearbeitet?
- Hat sie in jüngster Zeit relevante Fortbildungen absolviert, die ihr jetzt nützen werden?

Übung: Schätzung der Zulage, die ein Stellvertreter erreichen kann (Teil 1)

Wenn Sie maximal fünf Zulagenpunkte für diesen Aspekt zur Verfügung haben, wie viele würden Sie sich (oder einer anderen konkreten Person) geben? Fünf Punkte würde heißen: „Diese Person ist in jeder Hinsicht brillant." Ein Punkt würde bedeuten: „Diese Person bringt nichts mit außer der allgemeinen Vermutung, dass sie den Job gut machen könnte." Tragen Sie die Punktzahl, die Sie vergeben, in die Vier-Felder-Matrix (Bild 6.1) ein.

Perspektive Person Zulagenpunkte:	**Perspektive Chef** Zulagenpunkte: ....
Perspektive Team/Abteilung Zulagenpunkte:	**Perspektive Unternehmen/ Organisation** Zulagenpunkte: ....

Bild 6.1 Vier-Felder-Matrix zur Schätzung der Zulage für den Stellvertreter

Schauen wir jetzt auf das **Team** oder die **Abteilung**:
- Wie gut oder schlecht ist die Situation? Wie lief es zuletzt? Stehen größere Veränderungen und Belastungen an?
- Gibt es erkennbare Schwächen in der Organisation oder in der Qualitätssicherung? Gibt es starke Konflikte im Team?
- Stimmen die Ergebnisse? Wenn nein, soll dagegen etwas getan werden? Und welche Rolle ist dem Stellvertreter dabei zugedacht?
- Welchen Beitrag könnte der Stellvertreter also zur Verbesserung leisten?

Übung: Schätzung der Zulage, die ein Stellvertreter erreichen kann (Teil 2)

Wenn Sie wieder einen bis fünf Zulagenpunkte für diesen Aspekt zur Verfügung haben, wie viele geben Sie sich (oder einer anderen konkreten Person)? Tragen Sie diese Punktzahl in die Vier-Felder-Matrix in Bild 6.1 ein.

Schauen wir jetzt auf den **Chef**:
- Welche Stärken hat er, welche Schwächen, fachlich wie persönlich? Was ergibt sich daraus für das Aufgabenprofil des Stellvertreters?
- Welche Aspekte von Führung kann er nicht angemessen besetzen (z. B. Organisation, Planung, Strategie oder Personalführung)?
- Treten Konflikte auf und werden diese bisher bearbeitet? Was soll der Stellvertreter in dieser Hinsicht beitragen?
- Hat der Chef Sonderaufgaben, die ihn behindern? Was folgt daraus für das Aufgabenprofil des Stellvertreters?

Übung: Schätzung der Zulage, die ein Stellvertreter erreichen kann (Teil 3)

Wenn Sie wieder einen bis fünf Zulagenpunkte für diesen Aspekt zur Verfügung haben, wie viele geben Sie sich (oder einer anderen konkreten Person)? Tragen Sie diese Punktzahl in die Vier-Felder-Matrix in Bild 6.1 ein.

Schauen wir zuletzt auf das **Unternehmen** bzw. die Organisation:
- Welche Ausrichtung und welche Ziele hat das Unternehmen? Welche Rolle spielt die Abteilung dafür?
- Wie steht das Unternehmen am Markt da? Hat die Stellvertretung bzw. die entsprechende Abteilung strategische Bedeutung?
- Welche Themen sind in der Organisation gerade wichtig? Welche Anforderungen und Impulse kommen vom Markt? Wie wichtig ist die Abteilung in dieser Hinsicht?
- Wie wichtig ist es für das Unternehmen, dass diese Stellvertreterposition funktioniert?

Übung: Schätzung der Zulage, die ein Stellvertreter erreichen kann (Teil 4)

Wenn Sie wieder einen bis fünf Zulagenpunkte für diesen Aspekt zur Verfügung haben, wie viele geben Sie sich (oder einer anderen konkreten Person)? Tragen Sie diese Punktzahl in die Vier-Felder-Matrix in Bild 6.1 ein.

Übung: Auswertung

Nun können Sie die Punktzahlen aus den vier Feldern der Matrix aufaddieren und auswerten:

15 bis 20 Punkte: Wenn Sie 20 Punkte, also die Höchstzahl, oder knapp weniger vergeben haben, spricht das für eine sehr ordentliche Zulage. Diese kann leicht 10 bis 20 Prozent höher liegen als das Gehalt einer Fachkraft mit gleicher Erfahrung und Berufsjahren. Und damit etwa auf der Höhe des Gehalts von Leitern kleinerer Einheiten oder Projektleitern im gleichen Unternehmen. Die Grenze nach oben ist hier nur die Gehaltshöhe des eigenen Chefs.

10 bis 15 Punkte: Eine Zulage erscheint angemessen. Aber sie wird nicht sehr hoch ausfallen, etwa zwischen 1,5 und – im glücklichsten Fall – 10 Prozent. Der Stellvertreter wird nachverhandeln müssen, sobald er im Job zeigen konnte, welchen Nutzen er bringt.

4 bis 9 Punkte: Bei einem niedrigen Wert würde man – sofern man nicht tariflich verpflichtet dazu ist – am Anfang keine Zulage geben und lediglich eine in Aussicht stellen, wenn die Einarbeitungszeit gut gelaufen ist. In diesem Fall wäre die Stellvertretung mehr eine Bewährungsposition.

Das sind Erfahrungswerte. Sie mögen in der einen Firma deutlich zu hoch erscheinen, in der anderen zu niedrig. Statistiken darüber gibt es nicht. Da das Thema Gehaltszulagen interessant sein dürfte, hier noch einmal eine zweite Annäherung an das Zulagenproblem.

Die vier Perspektiven lassen sich auf drei zentrale Fragen reduzieren:
- Welches Problem soll der Stellvertreter eigentlich lösen?
- Was bringt er dafür mit?
- Und welcher Gewinn kann für das Unternehmen künftig entstehen?

Wenn es ein großes Problem ist (organisatorische Mängel, teilweise überforderter Chef) und der neue Stellvertreter viel mitbringt (ein Jahr informelle Stellvertretung, Fortbildung in Organisationsentwicklung und Erfahrungen im Projektmanagement), dann sollte der Gehaltszuschlag schon ordentlich ausfallen. Ebenso, wenn die Abteilung derzeit eine Schlüsselrolle für die Zukunft des Unternehmens spielt und unbedingt reibungslos und stabil arbeiten muss (Beispiel: Ein Team in der Forschung und Entwicklung muss dringend Patente in einem zentral wichtigen Technologiefeld anmelden und erproben.).

Übung: Bedeutung des Stellvertreters

Markieren Sie auf den drei Pfeilen in Bild 6.2, wie klein oder groß Sie die Bedeutung des Stellvertreters und seine Qualifikation einschätzen.

Auch hier versteht sich die Auswertung von selbst: Wenn Sie drei hohe Werte auf den Pfeilen markiert haben, liegt es nahe, diesem Stellvertreter eine deutliche Zulage zu geben. Großes Problem, hoch qualifizierter Stellvertreter, zukunftswichtiges Thema? Das sind gute Voraussetzungen, um eine ordentliche Gehaltserhöhung durchzubekommen. Andererseits: kleines Problem oder gar keins, alles nur Routine im Moment, unerfahrener Stellvertreter, lauter Routinethemen? Nun, das sieht nach einem mageren Plus aus.

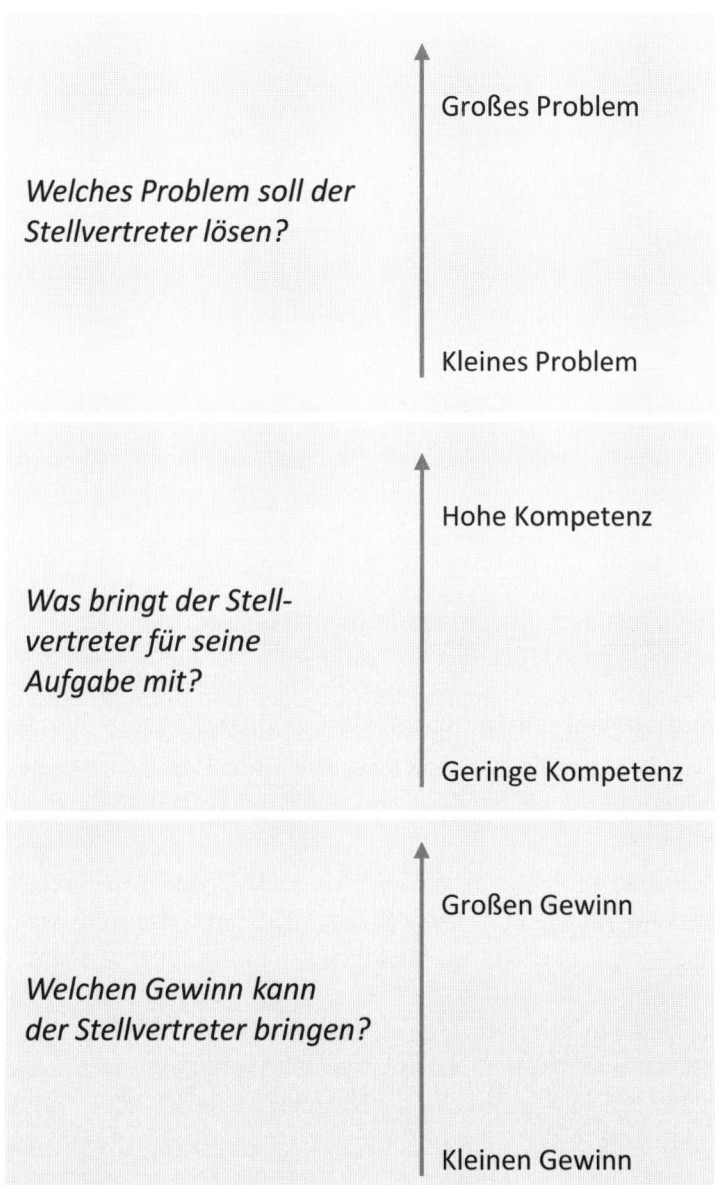

Bild 6.2 Bedeutung des Stellvertreters

Wie bei allen Gehaltsverhandlungen kommt es entscheidend darauf an, nach vorn zu argumentieren, in die Zukunft. Aus der Sicht der Finanzverantwortlichen zählt nicht an erster Stelle der *Record*, also das, was der Stellvertreter bisher gemacht hat. Auch der Status quo, also was im Moment zu tun ist, fällt nicht so stark ins Gewicht. An erster Stelle zählt immer die Gewinnaussicht.

Wenn Sie also einen Stellvertreterzuschlag neu aushandeln oder diesen erhöhen wollen, dann schauen Sie, welches Problem Sie lösen oder welchen Ertrag Sie bringen könnten. Darauf bauen Sie Ihre Argumentation für einen ordentlichen Zuschlag auf.

In vielen Unternehmen ist ein Zuschlag für eine Stellvertreterposition Verhandlungssache. Wer erfolgreich verhandeln will, muss eine gute Argumentation aufbauen, die sich besonders auf einen zu erwartenden Ertrag oder Gewinn stützt.

Gehaltstarifverträge sind meist keine große Hilfe bei der Suche nach dem angemessenen Zuschlag. Die allermeisten sagen wenig bis nichts zur Eingruppierung von Stellvertretern. Wo es solche Angaben gibt, werden Stellvertreter dann oft im Bündel mit anderen Funktionen unter der Rubrik „in besonderer Stellung" abgehandelt. Das ist zwar besser als nichts, aber angesichts der Vielgestalt von Stellvertreterrollen auch nicht sehr präzise.

Eine wiederkehrende Regel bezieht sich darauf, ab wann eine vorübergehende Stellvertretung in eine dauerhafte übergeht, das ist meistens nach ziemlich genau einem Monat. Wenn Sie in einer stark tariflich strukturierten Organisation arbeiten, etwa in einer Behörde, dann wäre nach einem Monat Stellvertretung (aushilfsweise) der Zeitpunkt da, einmal mit den Chefs zu sprechen: Soll das so weitergehen und was bedeutet das fürs Gehalt? (Vorher sollte man noch einmal in den Tarifvertrag schauen oder einen Betriebsrat ansprechen.) Wenn man auf diese Weise eine Zulage herausholen kann, wird diese allerdings sicher befristet sein, bis zu dem Zeitpunkt, an dem Chef, den man vertritt, wieder zurück ist oder die Stelle neu besetzt wird.

Um das Tarif-Wirrwarr zu vervollständigen, hier ein Beispiel aus dem Einzelhandel: Manche Lebensmitteldiscounter unterscheiden zwischen Erstvertreter und Stellvertreter. Der Erstvertreter ist tatsächlich der offizielle Stellvertreter und bekommt auch mehr Gehalt. Der Stellvertreter ist der Stellvertreter vom Erstvertreter und nur dann verantwortlich, wenn Chef und Erstvertreter nicht da sind. Dafür bekommt er auch keine Zulage oder nur unter bestimmten sehr eng gefassten Bedingungen.

Kurz: Ein Blick in den jeweiligen Tarifvertrag (so einer in Ihrem Betrieb gilt) lohnt sich immer. Aber ob er Ihnen den heißen Tipp für die Verhandlung über eine Zulage gibt, das steht in den Sternen.

■ 6.2 Wege zur Zufriedenheit

Geld kann einen Beitrag zur Motivation und Zufriedenheit von Stellvertretern leisten. Allein daran wird es aber nicht liegen, wenn ein Stellvertreter sich nicht mehr wohl in seiner Funktion fühlt. Anders gesagt: Auch wenn Sie eine fürstliche Zulage erhalten, sind Sie selbst dafür verantwortlich, dass Ihre Motivation erhalten bleibt und Sie Ihren Job grundsätzlich gern machen. Sie sollten ab und zu prüfen, ob der Job noch passt und, wenn nötig, über die aktuelle Stellvertreterfunktion hinausdenken.

In Kapitel 3 haben Sie mit Hilfe der Stellvertretermatrix ausgelotet, welche Entwicklungswege es gibt und was Sie tun müssten, um ein starker und respektierter Stellvertreter zu werden. Dort gab es auch eine klare Empfehlung für Ihre kurz- und mittelfristige Entwicklungsstrategie: Entwickeln Sie sich in der Stellvertretermatrix nach rechts und/oder nach oben weiter (vgl. Bild 6.3)!

Konkret bedeutete das: Erweitern Sie erstens Ihren formellen Handlungsrahmen hin zu einer arbeitsteiligen Stellvertretung oder, wenn Ihr Chef dafür nicht der richtige Partner ist, wenigstens hin zu einer klar definierten Stellvertretung in Abwesenheit. Zweitens erweitern Sie Ihren informellen Spielraum, möglichst bis an die Oberkante der Koleitung. Denn dann haben Sie am meisten zu sagen, können Einfluss auf Entscheidungen nehmen. Ihr Wort hat bei allen Beteiligten Gewicht. Mindestens sorgen Sie dafür, dass Sie als zweiter Mann wahrgenommen werden.

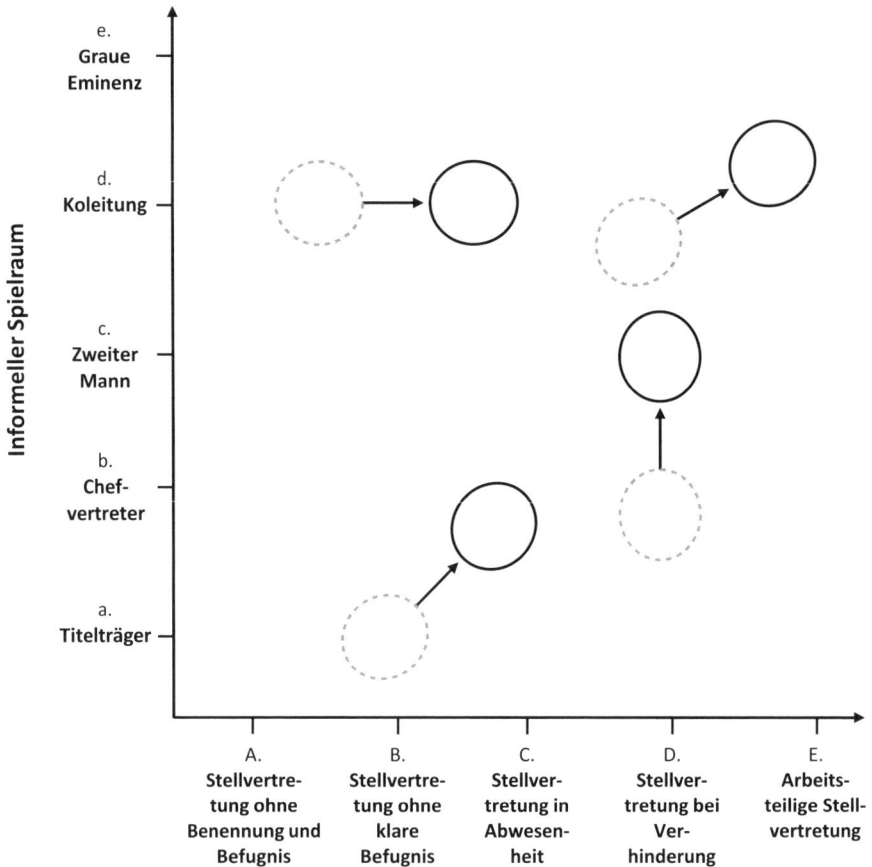

Bild 6.3 Stellvertretermatrix: Entwicklungsrichtungen

Das Problem dabei ist nur: Irgendwann stößt man als starker Stellvertreter auf natürliche Grenzen. Dann ist nach rechts und oben praktisch kein Platz mehr. Genau an dem Punkt sind wir jetzt angekommen. Wie weiter, wenn man bereits ein starker Stellvertreter ist?

Frau Zeller ist inzwischen im vierten Jahr ihrer Stellvertretung. Sie hat es geschafft, dass keine wichtige Entscheidung mehr an ihr vorbeigeht und ihr Chef ihr ziemlich viel Entscheidungsfreiraum zugesteht. Das macht er nicht nur, weil er ihre Arbeit schätzt, sondern weil sie für ihn eine wichtige Entlastung ist und er sie halten möchte. Herr Schaper ist 15 Jahre älter als Frau Zeller und hat insgeheim längst darüber nachgedacht, wie lange sie noch bleibt.

In einer Teambesprechung nimmt dann der Chef wieder einmal eine harte Linie gegenüber zwei Kritikern ein. Er verkündet, dass er solche „Null-Bock-Mentalität" nicht länger dulden werde, und redet sich in Rage. Frau Zeller kennt diese Szenen. Sie hält sie für völlig überflüssig. Unwillkürlich schüttelt sie den Kopf und grinst. Mehrere Kollegen beobachten sie dabei, der Chef auch.

Der stellt sie hinterher unter vier Augen zur Rede: Ob sie seine Entscheidungen infrage stellen wolle. Frau Zeller hört sich seine Sicht der Situation an und ist ehrlich bestürzt.

Da ist eine starke Stellvertreterin auf dem besten Weg, zur grauen Eminenz ihrer Abteilung zu werden. Davon können viele Stellvertreter ein Lied singen. Irgendwann bemerken sie, dass sie innerlich stärker in Opposition zum Chef gehen, dass sie seine Entscheidungen kritischer beurteilen als zuvor und dass sie diesen Wandel auch nach außen nicht ganz verbergen können. Man beginnt ihnen anzumerken, dass sie aus ihrem Job herauswachsen. Andere, vor allem der Chef, wissen meist viel früher, was sich da anbahnt, als die Betroffenen selbst.

Im Fall von Frau Zeller ahnt der Chef, dass ihm in seiner grundloyalen, hochkompetenten Stellvertreterin eine graue Eminenz heranwachsen könnte, also eine Konkurrentin um die Entscheidungsgewalt. Er ist erfahren genug, um in diesem Punkt sehr klar zu sein: Das wird er nicht hinnehmen. Zudem sieht er völlig richtig, dass Frau Zeller viel zu jung für die Rolle einer grauen Eminenz ist. Machtausübung aus dem Hintergrund passt nun einmal nicht zu einer engagierten Stellvertreterin Anfang 30.

Das Gespräch wird dann ein gutes. Frau Zeller gesteht dem Chef ein, dass sie manche seiner Ausbrüche in den Teamsitzungen nicht mehr so richtig ernst nehmen kann (und sich selbst, dass sie hinterher manchmal gegenüber den Mitarbeitern durchblicken lässt, man dürfe den Chef eben nicht immer so ernst nehmen).

Obwohl der Chef nur die halbe Wahrheit erfahren hat, sagt er ihr: „Überlegen Sie sich bitte, was Sie wollen: Hierbleiben? Dann bitte mit Respekt und voller Loyalität. Oder Sie müssen irgendwann weiterziehen."

Was kann jemand wie Frau Zeller tun? Es gibt mindestens fünf Möglichkeiten (vgl. Bild 6.4):

1. bleiben und sich weiterentwickeln (noch komplexere Aufgaben als Stellvertreterin),
2. Chefin werden, eine eigene Abteilung bzw. Linienführungsfunktion übernehmen,

3. zurück ins Team gehen und wieder als geachtete Fachfrau arbeiten, vielleicht auch gelegentlich Projektleitungen machen,
4. anderswo Stellvertreterin werden, vorzugsweise in einer größeren Abteilung mit komplexeren Aufgaben,
5. ganz raus gehen aus dem Unternehmensgefüge und sich mit ihren Fachkenntnissen und ihren Führungserfahrung selbstständig machen.

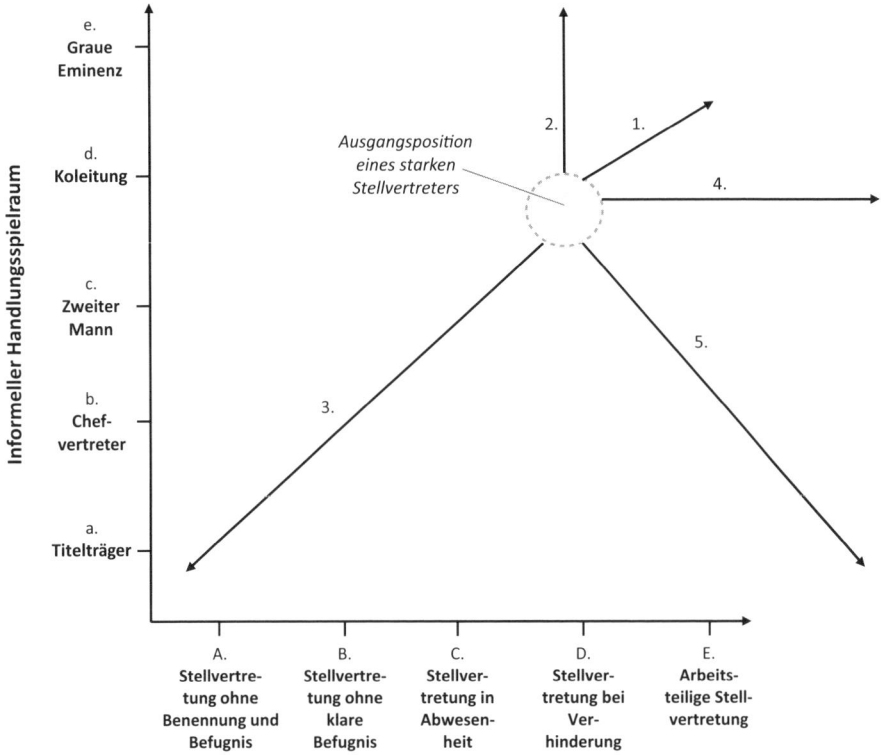

Bild 6.4 Stellvertretermatrix: Richtungen der langfristig möglichen strategischen Weiterentwicklung eines starken Stellvertreters

Alle Möglichkeiten haben Vor- und Nachteile:

1. **Soll man bleiben und sich weiterentwickeln?** Das ist für viele Stellvertreter auch nach einigen Jahren im Amt noch eine gute Option. Zum Beispiel könnte die Führungskraft gewechselt haben, sodass es neue Themen und Aufgaben gibt. Auch überlegt sich mancher mit Ende 50 vielleicht, ob graduelle Verbesserungen in der Stellvertreter-

position nicht besser für ihn passen als der Aufbruch in eine Führungsposition (sofern das Unternehmen dies überhaupt zulässt). Wenn man diese Linie erst einmal klar hat, kann man sich meist Projekte und Verantwortlichkeiten suchen, die noch ausreichend Entwicklungsraum schaffen. Man muss allerdings das Kunststück vollbringen, trotz der eigenen Erfahrung und Kompetenz loyal zur Führungskraft zu bleiben, die nicht selten deutlich jünger ist als man selbst. Also gleich graue Eminenz werden? Vorsicht, Falle! Das führt meist zu heftigen Konflikten mit dem Chef.

2. **Soll man eine eigene Führungsposition anstreben?** Das ist für viele der logische Schritt. Stellvertretung hätte sich dann als Vorbereitungsphase auf die volle Verantwortung erwiesen. Eine prima Sache, solange man nicht ausgerechnet die Abteilung leiten möchte, in der man nun schon länger arbeitet. Dann müsste man den Chef wegputschen. Und das geht praktisch immer schief (dazu später mehr).

3. **Soll man zurück ins Team gehen?** Auch das könnte eine sinnvolle Option sein. Mancher stellt in der Stellvertreterrolle fest, dass er mit diversen Aspekten von Führung (Konflikte, Rivalität, Erlösdruck, Loyalität nach oben) arge Probleme hat. Es geht ihm deutlich besser, wenn er sich wieder ganz auf seine Arbeit, also die Fachthemen, konzentrieren kann. In manchen Unternehmen löst ein solcher Schritt zwar noch Verwunderung aus, letztlich ist es aber ein Zeichen von Reife, sich nicht an Machtpositionen und Privilegien zu klammern. Wenn man es geschickt anstellt, bekommt man weiter interessante Sonderaufgaben übertragen oder wird sogar die graue Eminenz unter den Mitarbeitern (und eben nicht als Stellvertreter). Das ist eine komfortable und lohnende Rolle, mit der Mitarbeiter wie Chefs oft gut klarkommen.

4. **Weitermachen als Stellvertreter, aber woanders?** Es gibt Stellvertreter, die haben so richtig Blut geleckt. Allerdings gar nicht so sehr für eine klassische Führungsposition, sondern eben für die Arbeit als Stellvertreter, also für das Führen ohne Macht. Sie möchten das gern weitermachen, aber trotzdem noch einmal was Neues kennenlernen und sich weiterentwickeln. Da bietet sich der Wechsel in eine andere, vielleicht eine größere oder besonders schwierige Abteilung an, im eigenen Unternehmen oder in einem anderen.

5. **Raus aus dem Unternehmen, aus allen Unternehmen?** Manchmal bietet sich auch dieser Weg an. Selbstständigkeit ist eine Option, die Stellvertreter gar nicht so selten wählen. Warum? Offenbar gibt es

einige, denen zwar die Komplexität der Aufgaben und der Einfluss aufs Geschehen Spaß machen, die aber zugleich keine Lust haben auf die Auseinandersetzungen mit dem eigenen Chef, die Reibereien mit anderen Abteilungen und die Konflikte mit Kunden oder der Unternehmensführung. Sie wollen spannende Aufgaben, aber zugleich eine Freiheit, die ihnen ein Unternehmen kaum bieten kann. Also vertrauen sie darauf, dass sie ihre PS auch allein auf die Straße bringen können.

Übung: Ihre langfristige Entwicklungsperspektive

1. Und Sie? Wohin zieht es Sie? Welche der fünf Optionen zieht Sie spontan am meisten an? Füllen Sie in Tabelle 6.1 zuerst die zweite Spalte von links („spontane Attraktivität") aus. Schreiben Sie jeweils eine Zahl von 1 bis 5 in die Kästchen.
2. Wägen Sie dann nacheinander die Vorteile und Nachteile der einzelnen Optionen gegeneinander ab.
3. Bringen Sie die Optionen schließlich in eine Rangfolge von 1 bis 5.

Tabelle 6.1 Vor- und Nachteile Ihrer möglichen langfristigen Entwicklungsperspektiven

Option	spontane Attraktivität (Skala von 5 „äußerst attraktiv für mich" bis 1 „kommt am wenigsten infrage")	Vorteile für mich	Nachteile für mich	Rangfolge fürs weitere Handeln (von 5 „Die wähle ich." bis 1 „kommt am wenigsten infrage")
1				
2				

Tabelle 6.1 Vor- und Nachteile Ihrer möglichen langfristigen Entwicklungsperspektiven *(Fortsetzung)*

Option	spontane Attraktivität (Skala von 5 „äußerst attraktiv für mich" bis 1 „kommt am wenigsten infrage")	Vorteile für mich	Nachteile für mich	Rangfolge fürs weitere Handeln (von 5 „Die wähle ich." bis 1 „kommt am wenigsten infrage")
3				
4				
5				

Ist Ihnen bei diesen Überlegungen vielleicht noch eine **sechste oder siebte Option** eingefallen? Na prima, die dürfte sehr individuell auf Sie zugeschnitten sein. Das könnte gut klappen. Es geht bei dieser Übung ausschließlich darum, dass Sie ein klares Bild gewinnen. Wenn das nicht im ersten Anlauf klappt, lassen Sie die Fragen einfach noch ein paar Tage im Hinterkopf arbeiten. Meist stellt sich bald mehr Klarheit ein.

Vorsicht: Angst ist auch hier ein schlechter Ratgeber.

Für alle, die gleich weiterdenken wollen, hier noch Empfehlungen zu den Optionen:

Empfehlung zu Möglichkeit 1: Es kann richtig gut sein zu bleiben. Auch nach längerer Zeit als Stellvertreter und mit zunehmender Sicherheit kann man noch viel verbessern. Stellvertretung ist eine so komplexe Funktion, dass sich bei genauem Hinsehen oft noch Entwicklungsräume und interessante Details auftun. Wenn Sie sich für diese Spielräume entscheiden, prima. Kein verlässliches Motiv wäre allerdings die Angst, sich wirklich einmal Führungsaufgaben zu stellen (Möglichkeit 2). Falls Sie sich unsicher sind, ob Sie letztlich aus kluger Selbsterkenntnis oder aus Angst vor dem Neuen bleiben wollen, dann holen Sie sich Meinungen von anderen: Fragen Sie Freunde, gute Kollegen, einen Coach …

Empfehlung zu Möglichkeit 2: Wenn es Sie eindeutig zur Chefposition hinzieht: Herzlichen Glückwunsch! Da warten tolle Aufgaben und Erfahrungen auf Sie. Wichtig ist, dass Sie wirklich Interesse daran haben, anderen klar die Linie vorzugeben. Viele Stellvertreter, die diesen Weg gehen, berichten begeistert davon, wie einfach auf einmal vieles wird, was vorher kompliziert war. Hat man die volle Verantwortung, kann man rascher eine Entscheidung treffen, statt immer nur Entscheidungsprozesse zu moderieren, dann wird vieles leichter. Plötzlich gelingt es, einen widerspenstigen Mitarbeiter gelassen anzuweisen, wo man vorher innerlich ins Wanken kam. Es kommen auch neue Belastungen auf Sie zu. Mit denen werden Sie fertig, wenn Sie echte Lust aufs Führen haben.

Empfehlung zu Möglichkeit 3: Zurück ins Team ist eine Lösung, die früher verpönt war, aber mittlerweile im Kommen ist. Es muss wahrlich kein Makel mehr an Ihnen hängen bleiben, wenn Sie diesen Weg gehen. Man kann das gut begründen und gut kommunizieren – und sich eventuell aus einer beklemmenden Situation befreien. Gehen Sie möglichst nicht aus Angst und Versagensgefühlen, sondern aus Einsicht und Lust auf die fachlich geprägte Arbeit, die Ihnen dann wieder bevorsteht. Überlegen Sie sich noch einmal kurz, wer denn an Ihrer Stelle Stellvertreter wird und ob Ihnen das recht ist. Aber dann … Es ist erstaunlich, welche Kräfte in Menschen frei werden, wenn sie Führungsaufgaben abgeben. Es ist auch möglich, die Führungserfahrung im Lebenslauf zu „speichern" und sie später einmal wieder aufzurufen, zum Beispiel bei Projektleitungen oder bei einem zweiten Anlauf auf Führungsaufgaben nach der Familienphase.

Empfehlung zu Möglichkeit 4: Es gibt geborene Stellvertreter und man kann sie nur beglückwünschen, wenn sie entsprechende Positionen finden. Weiter so! Solange es nicht Angst vor echter Führungsverantwortung ist, die Sie antreibt, sondern Einsicht. Nutzen Sie Ihre Talente und bauen Sie sich ein Renommee als starker Stellvertreter auf! Die Art Führung, die Sie offenbar aus dem Effeff beherrschen, ist schwer im Kommen (siehe Epilog). Bleiben Sie in Ihrer Spur, und es wird nicht zu Ihrem Schaden sein.

Empfehlung zu Möglichkeit 5: Rausgehen, sich selbstständig machen? Sollte diese Option etwas in Ihnen zum Schwingen bringen, trauen Sie dem Impuls und denken Sie die Sache genau durch. Aber wählen Sie eine langfristige Perspektive. Stellvertretung kann eine sehr gute Vorbereitung für den Sprung in die Selbstständigkeit sein. Aber ein solcher Sprung braucht oft Jahre. Viele erfolgreiche Selbstständige haben sich noch während ihrer Festanstellung Gedanken gemacht, ihr Konzept geklärt, Kontakte geknüpft. Auch hier gilt: Angst und Fluchtgedanken sind kein guter Ratgeber. Aber Lust auf mehr Freiheit, die setzt ungeahnte Energien frei.

 Erfahrene Stellvertreter haben vielfältige Optionen für ihre berufliche und persönliche Weiterentwicklung. Bei der Entscheidungsfindung kommt es darauf an, das „Hin-zu" (Was zieht mich an?) stärker zu gewichten als das „Weg-von" (Was macht mir Sorgen?).

Geben Sie also der Lust mehr Raum als der Angst. Laufen Sie nicht vor etwas Unangenehmem weg, sondern gehen Sie auf etwas Attraktives zu.

6.2.1 Tücken des Kaminaufstiegs

Ein Punkt ist noch nicht genügend ausgeleuchtet. Bei Möglichkeit 2 (eine eigene Führungsposition anstreben) sind wir bislang davon ausgegangen, dass man Linienführungskraft in einer anderen Abteilung oder sogar einem anderen Unternehmen werden möchte. Das ist nur die halbe Wahrheit: Es liegt nahe zu glauben, man könne und solle doch am besten den Job des eigenen Chefs machen. Zumal man als Stellvertreter sehr genau sieht, welche Schwächen er hat und was er so alles falsch macht.

Dem eigenen Chef folgen, dahin führen zwei Wege: nachrücken und putschen. Das Nachrückverfahren ist im Prinzip in Ordnung. Es geschieht recht oft, dass verdiente Stellvertreter sich auf den Job ihres Chefs bewerben oder diesen angetragen bekommen, wenn der Chef aus irgendwelchen

Gründen ausscheidet (Alter, Kündigung, Aufstieg). Der Vorteil ist klar: Niemand kennt die Verhältnisse in der Abteilung besser. Der Stellvertreter ist nahezu perfekt eingearbeitet. Die Übergangsphase entfällt. Oft hat der Stellvertreter ohnehin schon ein paar Monate kommissarisch geleitet, bis über die Stellenbesetzung entschieden wurde. Also eine optimale Lösung. Eigentlich.

Im Vorteil liegt aber auch ein wichtiger Nachteil: Mitarbeiter und Unternehmensleitung kennen den oder die Stellvertreter gut – aber eben in der Stellvertreterrolle. Sie sollen jetzt umschalten und den Ex-Stellvertreter ab sofort als Linienführungskraft anerkennen. Wird das gelingen? Vielleicht, mit der Zeit. Vielleicht aber auch nicht. Das hängt vom Auftreten und Verhalten des Stellvertreters ab und von den Aufgaben und Krisen, die es zu bewältigen gibt. (Sie kennen das Thema schon aus Kapitel 2, als wir uns mit dem Nesthocker-/Nestflüchterproblem beschäftigt haben.)

Mit Glück und Geschick prägt der Ex-Stellvertreter als neuer Chef einen eigenen Stil aus. Dann wird er das Bild vom Stellvertreter aus dem Kopf seiner Gesprächspartner vertreiben. Seine Mitarbeiter werden spüren und akzeptieren, dass er nicht nur ohne Macht führen kann, sondern auch mit. Seine neuen Chefs werden aufhören, ihn als „dritte bis vierte Reihe" zu klassifizieren, sondern ihn als vollwertigen Verhandlungspartner anerkennen. Dazu muss er allerdings auch ein neues Selbstbild entwickeln, klarer und entschiedener auftreten, den Mitarbeitern eine Linie vorgeben, den Chefs auch einmal Paroli bieten. Und natürlich darf er dabei nicht überziehen.

Es geht hier um Selbstbewusstsein und Sicherheit. Sie zu entwickeln ist nie einfach, schon gar nicht, wenn alle Beteiligten schon ein vorgeprägtes Bild von einer Person haben. Der Kaminaufstieg vom Stellvertreter zum Chef ist deshalb oft schwieriger als der Quereinstieg. Und er ist riskant. Gelingt es nicht, das Selbstbild und das Bild der anderen umzuprägen, dann bleibt der neue Chef für alle Beteiligten eine unklare Figur, die man tendenziell weniger respektvoll behandelt und der man intuitiv nicht folgt.

Gerade wenn jemand schon sehr lange Stellvertreter war, bevor er dann zum Chef wurde, mutet er sich selbst, seinen Mitarbeitern und seinen Chefs ganz schön was zu. Der Kaminaufstieg kann gelingen, aber er tut es sicher nicht von selbst. Als Erster muss der neue Chef selbst an sich arbeiten und eingefahrene Wege verlassen. Nur dann werden andere folgen.

6.2.2 Gefahren von Putschfantasien

Mit noch mehr Vorsicht sollte man den zweiten Weg, dem eigenen Chef nachzufolgen, angehen: den Putsch. Es gibt zwar kaum erfahrene Stellvertreter, die noch nie daran gedacht hätten, den Chef irgendwie zu entfernen, um es dann endlich selbst besser machen zu können. Dazu gibt es im Alltag zu viele Probleme, dazu lernt man als Stellvertreter die dunklen Seiten des Chefs zu gut kennen. Aber kaum jemand setzt solche Fantasien in die Tat um und beginnt, am Stuhl des Chefs zu sägen. Das gelingt aller Erfahrung nach praktisch nie oder es gelingt zunächst, endet aber damit, dass der Ex-Stellvertreter sich nur kurz als Chef halten kann.

Warum sollten Stellvertreter die Finger vom Putsch lassen?

- **Weil ein Putschversuch selten gelingt.** Genau genommen ist die einzige Putschchance, die ein Stellvertreter hat, die, dass mächtige Kräfte (Geschäftsführer, Vorstände, Gesellschafter, Inhaber) ihn überhaupt nur als Stellvertreter installiert haben, damit er mithilft, die Führungskraft zu entfernen. Nur ein systematischer, von der Machtebene mitgetragener Putsch, hat Aussicht auf Erfolg. Und der ist dann eigentlich gar keiner, denn er kommt von oben, nicht – wie es sich für einen Putsch gehört – von unten oder von der Seite. Ein solcher Putsch ist die Neubesetzung einer Führungsposition mit anderen Mitteln. Und der scheinbar Putschende ist eine Figur im Spiel von anderen. Keine gute Voraussetzung für einen erfolgreichen Job als Linienführungskraft.
- **Weil einem Putschversuch immer der Makel der Illoyalität anhaftet.** Wer geputscht hat und vorher nah am Opfer des Putsches war, der hat Vertrauen missbraucht. Möchte man so jemandem hinterher folgen? Es steht einem Stellvertreter nicht an, heimlich Gespräche mit hohen Vorgesetzten zu führen und sich darin abfällig oder sogar denunziatorisch über den eigenen Chef zu äußern. Ausnahme wäre so etwas wie ein „übergesetzlicher Notstand". Aber dazu müsste die Führungskraft sich tatsächlich wie ein Despot aufgeführt und obendrein katastrophal erfolglos gewesen sein.
- **Weil Offenheit immer die bessere Lösung ist.** Gegen einen erfolglosen Despoten kann auch ein Stellvertreter rebellieren, aber bitte offen. Sogar Gespräche mit hohen Vorgesetzten sind möglich, aber mit Ansage und nachdem vorher alle Möglichkeiten der Klärung mit dem eigenen Chef nachweisbar ausgelotet worden sind. Das ist dann kein Putsch mehr, sondern eine engagierte Problemanzeige.

- **Weil man zum Putschen immer Verbündete im eigenen Team braucht** und denen ist man dann hinterher verpflichtet. Ein Stellvertreter, der sich im Spannungsfeld zwischen Chef und Team eindeutig auf eine Seite schlägt, verliert an Renommee. Erst recht dann, wenn er mit dem Team gegen den Chef kämpft. Danach ist er als Führungskraft in diesem Team kaum noch einsatzfähig.

Putschfantasien sind also nichts weiter als ein Hinweis darauf, dass etwas arg schief läuft zwischen Chef und Stellvertreter. Daraus folgt: Die Konflikte klären! Und wenn das nicht geht oder zu nichts führt: Gehen! Richtig, der Stellvertreter muss gehen. Nach einer Übergangszeit und nach reiflicher Abwägung. Aber am Ende doch: Wenn es zwischen Chef und Stellvertreter trotz aller Bemühungen nicht gut läuft, dann muss der Stellvertreter gehen. Klingt hart, ist aber in den allermeisten Unternehmen selbstverständlicher Ausdruck der Führungskultur.

6.2.3 Stellvertreter und die dunklen Seiten der Macht

Stellvertretung birgt eben Risiken. Sie ist eine komplexe Aufgabe, die im Extremfall auch schief gehen kann. Zugleich bietet sie aber auch eine große Chance: Stellvertretung bereitet Sie bestens auf sehr verschiedene berufliche Wege vor. Auf allen können Sie Ihre Erfahrung und Kompetenz nutzen. Stellvertretung ist also nicht nur eine gute Schule der Führung, sondern auch ein geniales Testfeld. Hinterher ist man auf jeden Fall schlauer. Und falls etwas nicht so läuft wie gewünscht, dann landet man sanfter, als wenn man in einer klassischen Linienführungsposition scheitert.

Man könnte auch sagen: Stellvertretung hat eine Verteilerfunktion für die berufliche und persönliche Weiterentwicklung. Man begegnet allen Aspekten von Führung und befindet sich doch zugleich in einer Art Schutzraum: Ein Stellvertreter bleibt geschützt vor den eher dunklen Seiten des Themas Führung.

Klingt ein bisschen abgehoben? Schauen wir uns zunächst an, was innerhalb des Schutzraums vom Stellvertreter zu leisten ist, und anschließend die dunklen Seiten der Führung.

Bild 6.5 zeigt die Ebenen der Führungskompetenz. Nach unten hin wird es immer komplexer und schwieriger. Jeder Stellvertreter ist in seiner Fachkompetenz gefordert, z. B. als Vertriebler, als Einzelhandelskaufmann oder Sozialpädagoge. Seine Tätigkeit wird ihm zudem auch Organisationsgeschick abverlangen und ab und an etwas Kreativität (Konzepte machen, Pläne entwerfen, Probleme lösen). Zusätzlich lernt man als Stellvertreter viel über gute Gesprächsführung und dazu gehört auch eine gute Portion Sozialkompetenz, also die Fähigkeit, sich in andere hineinzuversetzen. Doch unweigerlich treten Konflikte auf – mit dem Chef, mit Kollegen, mit Externen – und dann sind Konfliktfähigkeit und Verhandlungsgeschick gefragt. Das ist viel. Ein Stellvertreter, der all diese Kompetenzen entwickelt, darf von sich sagen, dass er das Trainingsfeld genutzt hat. Allerdings: Er ist eben im Schutzraum Stellvertretung geblieben.

Bild 6.5 Ebenen der Führungskompetenz für Stellvertreter

Unterhalb dieses Schutzraums braucht es zwei zusätzliche und wesentliche Führungskompetenzen, um als Linienführungskraft auf Dauer klar zu kommen: Durchsetzungswillen und die Fähigkeit zur Selbstmotivierung (vgl. Bild 6.6).

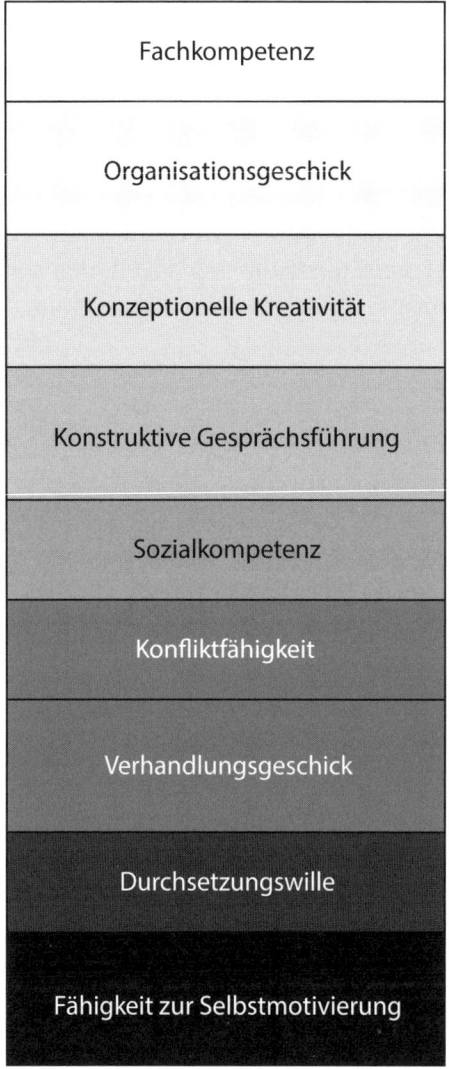

Bild 6.6 Neun Ebenen der Führungskompetenz bei Linienführungskräften

Die beiden untersten Aspekte von Führungskompetenz sind am tiefsten mit der Persönlichkeit verbunden. Es gibt Menschen, die haben Spaß an Widerstand und Konflikten, die wollen sich einfach dagegen durchsetzen und die nehmen es sich nicht zu Herzen, wenn sie dabei ab und zu anderen schaden oder selbst auf die Nase fallen. Diese Menschen tragen so etwas wie eine natürliche Dominanz in sich und zugleich eine robuste, weil tief verwurzelte Immer-wieder-aufstehn-Mentalität.

Ist dies nicht verbunden mit Fachkompetenz, Sozialkompetenz und Konfliktfähigkeit ergibt sich ein etwas düsteres Bild. Es ist das Bild einer vielleicht charismatischen Führungsperson, die allerdings keine gereifte Persönlichkeit ist und keine sichere Basis hat. In diesem Fall wären der Durchsetzungswille und die Fähigkeit zur Selbstmotivierung tatsächlich die dunkle, gefährliche Seite der Macht: Führung ohne Umsicht und Verantwortung. In die Versuchung, diese dunkle Seite auszuleben, kommt ein Stellvertreter praktisch nie. Eine Linienführungskraft jedoch begegnet ihr.

Zugleich aber ist die Fähigkeit, sich dominant zu verhalten, sich durchzusetzen und andere zu führen, eine Gabe und eine wichtige Voraussetzung für viele Führungsaufgaben. Wenn diese beiden Aspekte von Führung zusätzlich zu den anderen Aspekten vorhanden sind, wunderbar. Dann hätten wir so etwas wie eine ideale Führungskraft.

Zwar gerät eine dominante Führung „von oben herab" immer mehr in Verruf. Manche Berater fragen schon, ob sie in Zukunft nicht ersatzlos entfallen wird. Sicher ist aber: Derzeit wird Dominanz noch gebraucht. Entscheidungsprozesse verlangen mindestens an einigen Stellen die Persönlichkeit, die etwas will (auch in demokratisch oder basisdemokratisch organisierten Entscheidungsprozessen). Deshalb ist Führung letztlich nicht vollständig vom Aspekt Macht zu trennen.

Weshalb man als starker Stellvertreter irgendwann vor der Frage steht: Will ich auch die beiden letzten Schritte gehen, will ich in letzter Konsequenz führen und also dominieren? Und bin ich stabil genug, um mit den Enttäuschungen und Anfeindungen, die ich dann erleben werde, sicher umzugehen?

Durchsetzungswille und ein Hang zur Dominanz sind bei Stellvertretern hinderlich, denn das bringt sie in Konkurrenz zum Chef. Stellvertreter behalten besser ein distanziertes Verhältnis zur Macht. Folglich brauchen Sie auch keine so ausgeprägte Fähigkeit zur Selbstmotivierung wie eine Linienführungskraft. Sie sind auch nicht so stark verbunden mit den Inhalten, um die es geht. Ein paar Jahre als erfolgreicher Stellvertreter bringen jedoch die Frage hervor:

- Wollen Sie mehr Macht?
- Sind Sie bereit, sich auch mit den dunklen Seiten auseinanderzusetzen?
- Wollen Sie alle Seiten von Führung kennenlernen oder nur die guten, sozial verträglichen?

Es gibt gute Gründe, den Schutzraum Stellvertretung zu verlassen und sich den dunklen Seiten der Führung zu stellen. Aber es gibt keinerlei Zwang dazu.

Am Ende dieses Buches und speziell dieses Kapitels wissen Sie sehr genau: Es gibt nicht nur den einen Weg für Ihre berufliche und persönliche Weiterentwicklung. Sie müssen nicht Linienvorgesetzter werden, damit Sie das Beste aus Ihren Möglichkeiten machen. Allein, dass Sie sich auf diese Weise mit sich selbst auseinandersetzen, macht Sie schon ein Stück reifer und eröffnet Ihnen damit neue Einsichten und Perspektiven.

Sie treffen die Wahl, was für Sie persönlich das Richtige ist, wie Sie sich weiter beim Thema Führung engagieren wollen, welche Aufgaben Sie noch übernehmen wollen, wie Sie dafür sorgen, dass Sie eines Tages zufrieden und gesund auf eine interessante Berufslaufbahn zurückblicken können.

Stellvertretung, die Schule der Führung, ist so gesehen auch eine Schule des Lebens.

Auf einen Blick

- Stellvertreter rechnen sich für ihre Arbeitgeber.
- Stellvertreter können mit Geschick und Glück gute Zuschläge heraushandeln.
- Manche Stellvertreter gehen zurück ins Team, manche wollen einen „echten" Führungsjob.
- Wer Linienführungskraft werden will, muss sich früher oder später mit den dunklen Seiten der Macht auseinandersetzen.

7 Special: Handwerkszeug für Stellvertreter in Changeprozessen

Überall ist Umbau, fast immer. Reorganisationen, kleinere Veränderungsvorhaben und größere sogenannte Changeprojekte bestimmen heute den Alltag vieler Unternehmen und Organisationen. Auch Sie als Stellvertreter werden damit konfrontiert und Sie können in all diesen Situationen eine wichtige Rolle spielen. Deshalb wird Ihnen hier noch ein Werkzeugkasten zur Verfügung gestellt, der Ihnen hilft, in Changeprozessen Ihren Beitrag zu leisten.

7.1 Phasen eines Changeprozesses

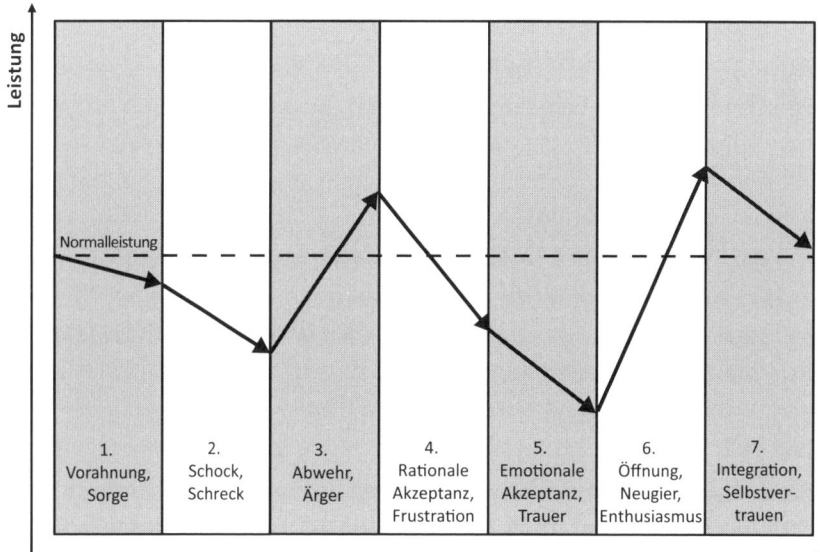

Bild 7.1 Unterschiedliche Leistung während der einzelnen Phasen eines Changeprozesses

Zunächst geht es darum, dass Sie als Stellvertreter sich gut im Ablauf und in der emotionalen Dynamik eines Changeprozesses orientieren. Sie müssen den Prozess mindestens so gut verstehen wie die zuständigen Führungskräfte, also Ihr Chef und seine Chefs, möglichst sogar besser.

Die sogenannte Changekurve in Bild 7.1 beschreibt den typischen Verlauf und die psychosoziale Dynamik von Veränderungsprozessen. Sie teilt das Geschehen in sieben Phasen auf:

- **Phase 1 „Vorahnung und Sorge":** Gerüchte über geplante Veränderungen verursachen Unruhe, noch bevor diese offiziell verkündet wurden. Es machen sich Vorahnungen breit. Der Flurfunk läuft auf Hochtouren. Aber niemand weiß etwas Genaues. Das alles zieht Energie von den eigentlichen Aufgaben ab.

- **Phase 2 „Schock und Schreck":** Mit der offiziellen Bekanntgabe wird die Erkenntnis unausweichlich: Es kommt eine einschneidende Veränderung auf die Mitarbeiter zu, und mindestens ein Teil von ihnen wird das als nachteilig oder sogar bedrohlich empfinden. Das ist auch völlig verständlich, denn bei einigen geht es vielleicht um bisherige Verfahren, den angestammten Arbeitsplatz oder sogar eine drohende Entlassung. Teammitglieder äußern jetzt Hoffnungen und Befürchtungen. Die Leistung sinkt, weil kaum jemand fähig ist, sich jetzt schon auf den Sinn und Zweck der Veränderung einzulassen: nämlich die Vision der Geschäftsleitung von einer besseren, wirtschaftlich, organisatorisch oder politisch tragfähigen Zukunft.

- **Phase 3 „Abwehr und Ärger":** Nach dem ersten Schreck zeigen sich Ärger und Wut. Die Folge sind Abwehrreaktionen. Es kann zu lautstarkem Protest kommen und erstaunlicherweise steigt oft sogar die Teamleistung, nach dem Motto: „Denen da oben zeigen wir es jetzt aber. Die Veränderung ist unnötig!"

- **Phase 4 „Rationale Akzeptanz und Frustration":** Irgendwann ist die Veränderung rational akzeptiert, bei dem einen Mitarbeiter früher, bei dem anderen später. Dann setzen sich die betroffenen Mitarbeiter persönlich mit dem Wandel auseinander: Was bedeutet das alles für mich? Welche Herausforderungen kommen auf mich zu? Kann ich sie bewältigen? Und wenn ja, wie?

- **Phase 5 „Emotionale Akzeptanz und Trauer":** Der Tiefpunkt naht, wenn die Mitarbeiter, jeder für sich, spüren: Es gibt kein Zurück mehr. In der Trauerphase schwindet das Alte. Das Neue ist aber noch nicht greifbar. Die Mitarbeiter befinden sich sozusagen auf der Kippe und

jeder braucht unterschiedlich lange um an diesen Punkt zu kommen und sich schließlich auch darüber hinaus zu bewegen.
- **Phase 6 „Öffnung, Neugier und Enthusiasmus":** Wie lange die einzelnen Mitarbeiter brauchen, um durch die Trauerphase zu gehen, ist offen. Einige entwickeln früher Neugier und Interesse, an dem, was danach kommt, andere sehr viel später. Sicher ist: Erst danach richtet sich die Energie auf das Neue. Früher oder später zeigt sich bei den meisten Mitarbeitern die Bereitschaft, neue Verfahren und Konstellationen wenigstens einmal ernsthaft auszuprobieren. Dann stellen sich kleinere Erfolge, oft auch kleine Rückschläge ein. Aber mit der Zeit merkt jeder: „Die Neuerung hat auch Vorteile. Teilweise läuft es richtig gut."
- **Phase 7 „Integration und Selbstvertrauen":** Allmählich wird das Neue zur Normalität und Lernerfolge schaffen ein neues Selbstvertrauen. Die Teamleistung steigt – vorübergehend – über das ursprüngliche Niveau.

7.2 Aufgaben des Stellvertreters im Changeprozess

Das Geschehen, das hier mit der Changekurve abgebildet ist, zieht sich oft über viele Monate hin. Hier erfahren Sie, welche Rolle sich für Sie als Stellvertreter anbietet und wie Sie sich am besten verhalten.

Phase 1 „Vorahnung und Sorge"

Was sollen Führungskräfte allgemein tun? In dieser Phase ist es wichtig, als Führungskraft in Kontakt mit den Mitarbeitern zu kommen, die im eigenen Verantwortungsbereich von der Veränderung betroffen sind. Also heißt es: Reden! Den Kontakt zu den Mitarbeitern nicht abreißen lassen, obwohl man nichts Wesentliches sagen kann. Keinesfalls sollte man komplett schweigen und sich zurückziehen. Vielleicht kann die Führungskraft wenigstens Spielregeln für den Umgang mit der Situation vereinbaren, zum Beispiel: „Ich sage Ihnen immer so viel, wie ich Ihnen sagen kann. Sie respektieren, dass ich Ihnen nicht immer alles sagen kann, was ich weiß."

Was können Stellvertreter tun? Der Stellvertreter weiß weniger als die höheren Chefs und kann deshalb den Kontakt zu den Mitarbeitern leichter halten. Das entspricht seiner Mittlerrolle zwischen Team und Chef. In dieser Situation könnte es sogar helfen, wenn der Chef dem Stellvertreter nicht alles mitteilt, was er über die Veränderungspläne der Unternehmensleitung erfährt. Die Leitung muss in Kontakt mit dem Team bleiben und zugleich den Wandel aktiv mitgestalten. Das geht am besten arbeitsteilig.

Phase 2 „Schock und Schreck"

Was sollen Führungskräfte allgemein tun? Sie sollen zuhören, die Mitarbeiter informieren, so gut sie können, und Verständnis zeigen. Kurz: Sie sollen da sein, sich nicht verstecken.

Was können Stellvertreter tun? Auch in dieser Phase kann der Stellvertreter einen großen Teil der „Nähearbeit" übernehmen. Er sucht also den Kontakt zu den Mitarbeitern, bleibt im Gespräch, zeigt Präsenz. Das entlastet den Chef.

Phase 3 „Abwehr und Ärger"

Was sollen Führungskräfte allgemein tun? Jetzt gilt es, den Mitarbeitern zu vermitteln, dass der Wandel trotzdem notwendig ist. Als Führungskraft muss man in der Spur bleiben – selbst dann, wenn man nur zu 80 Prozent oder weniger überzeugt ist, dass der Weg gut gewählt ist. Erstens hat man oft keine Wahl, weil die Veränderung von oben vorgegeben ist und man die Strategie kaum beeinflussen kann. Zweitens ist es praktisch unmöglich, zu einer hundertprozentigen Überzeugung zu gelangen, denn immer ist die Lage unübersichtlich. Das ist typisch für Veränderungsprozesse: Es gibt zwar ein Problem, aber niemand kann genau wissen, ob die angestrebte Lösung auch funktioniert.

Was können Stellvertreter tun? In dieser Phase sollten Stellvertreter wiederum den Kontakt halten. Der Ärger der Mitarbeiter richtet sich meistens direkt auf die Führungskräfte, die das Veränderungsvorhaben vertreten müssen. Stellvertreter können mehr Nähe herstellen – und das sollten sie auch tun. Sie müssen bloß der Versuchung widerstehen, sich mit dem Protest der Mitarbeiter zu verbrüdern. Das nützt niemandem.

Phase 4 „Rationale Akzeptanz und Frustration"

Was sollen Führungskräfte allgemein tun? Nun beginnen Mitarbeiter Detailfragen zu stellen, das Vorhaben kritisch, aber rational zu durchleuchten. Dem müssen sich die Führungskräfte stellen und die Fragen so präzise wie möglich beantworten. Oft sind genau diese Fragen auch der

Ausgangspunkt sinnvoller Modifikationen am Veränderungsvorhaben. Die Führungskräfte werden zwar mit ihren Informationen oder Einschätzungen niemanden zum plötzlichen Fan der anstehenden Veränderungen machen. Aber sie können jetzt im Gespräch bleiben und so zum Beispiel die Abwanderung von leistungsstarken Mitarbeitern verhindern. Letztlich können sie die Mitarbeiter dabei unterstützen, dass sie den derzeitigen Zustand der Ungewissheit aushalten.

Was können Stellvertreter tun? Immer noch und immer wieder: Sie können gesprächsbereit und zugänglich sein. Und sie können durch kluge Vorausplanung versuchen, den Druck rauszunehmen, etwa, indem sie Termine frühzeitig schieben oder Bearbeitungszeiten verlängern. Denn aller Wahrscheinlichkeit nach sinkt die Leistungskraft des Teams in der Frustrationsphase. Stellvertreter können bewusst Diskussionsräume schaffen und helfen, aus der Kritik der Mitarbeiter Erkenntnisse über den weiteren Weg zu gewinnen.

Phase 5 „Emotionale Akzeptanz und Trauer"

Was sollen Führungskräfte allgemein tun? Damit das Neue auch emotional akzeptiert wird, muss das Alte gewürdigt werden. Es braucht Zeit für Trauer und Abschied, beispielsweise in Workshops oder Einzelgesprächen.

Was können Stellvertreter tun? In der Trauerphase sind gute Stellvertreter Gold wert. Alle sind emotional belastet, die Mitarbeiter mehr als die Chefs. Aber auch die Chefs haben dabei ihr Päckchen zu tragen. Stellvertreter können beide Seiten beraten und dafür sorgen, dass man noch miteinander in Kontakt bleibt. Oft heißt das auch, den Chef zu bremsen, wenn er schon Gas geben will, während alle oder einige Mitarbeiter noch mitten in der Trauerphase sind. Ein Stellvertreter kann zudem beobachten, wie schnell welcher Mitarbeiter durch die Trauerphase geht. Er kann in dieser schwierigen Phase also eine Art Anwalt der psychosozialen Dynamik, einfacher gesagt: der Menschlichkeit, werden.

Phase 6 „Öffnung, Neugier und Enthusiasmus"

Was sollen Führungskräfte allgemein tun? Nun gilt es, Neugier zu wecken und das erforderliche Wissen und Können zum Umgang mit dem Neuen zu vermitteln. In dieser Phase finden typischerweise Fortbildungen und Einzelcoachings statt. Ermutigung und Geduld sind hilfreich, ebenso wie Möglichkeiten zum Erfahrungsaustausch.

Was können Stellvertreter tun? Zunächst können sie noch diejenigen begleiten und unterstützen, die besonders lange brauchen, bis sie um die Trauerkurve herum sind. Zugleich können sie Vorschläge machen, was das Team jetzt braucht – und bei der Organisation kräftig mithelfen.

Phase 7 „Integration und Selbstvertrauen"

Was sollen Führungskräfte allgemein tun? Eine Führungskraft sollte jetzt gemeinsam mit dem Team den Prozess bewerten: Was lief nicht so gut? Was hat sich bewährt? Aus diesen Erfahrungen kann jeder Einzelne und die Organisation lernen – und damit können alle künftigen Veränderungen besser bewältigt werden.

Was können Stellvertreter tun? Er kann und sollte diesen Schritt bewusst mit anstoßen. Wie schon im Verlauf des ganzen Veränderungsprozesses hat er hier die Rolle eines internen Beraters: Er setzt sich dafür ein, dass die psychosozialen Aspekte eines Veränderungsprozesses zu ihrem Recht kommen, denn nur dann bleiben alle miteinander in Kontakt. Fehlt dieser Aspekt, weil Chefs nur schnell vorankommen und Mitarbeiter nur das Alte bewahren wollen (wobei die Konstellation in manchen Changeprozessen auch umgekehrt ist ...), fehlt also dieser psychosoziale Aspekt, dann driften Teams in Veränderungsprozessen auseinander und finden nicht mehr zu ihrer alten Leistungskraft und Geschlossenheit. Veränderungsprozesse mögen heutzutage Alltag in den Unternehmen und Behörden sein, sie zehren gleichwohl Kräfte und können zerstörerisch wirken. Stellvertreter können und sollten mithelfen, genau dies zu verhindern und das Beste daraus zu machen.

■ 7.3 Rolle des Stellvertreters in Changeprojekten

Wenn es konkret wird, wenn Veränderungsziele in den Alltag eines Unternehmens oder einer Organisation übertragen werden, dann geschieht das sehr oft über Projekte. Stellvertreter sind geradezu prädestiniert dafür, in solchen Projekten eine Leitungsrolle zu übernehmen, zum Beispiel als Projektleiter oder, in größeren Projekten, als Leiter von Teilprojekten und sogenannten Arbeitspaketen. Überwiegend geschieht das auch heute noch in klassisch organisierten Projekten, die nach dem Pyramidenschema (vgl. Bild 7.2) aufgebaut sind.

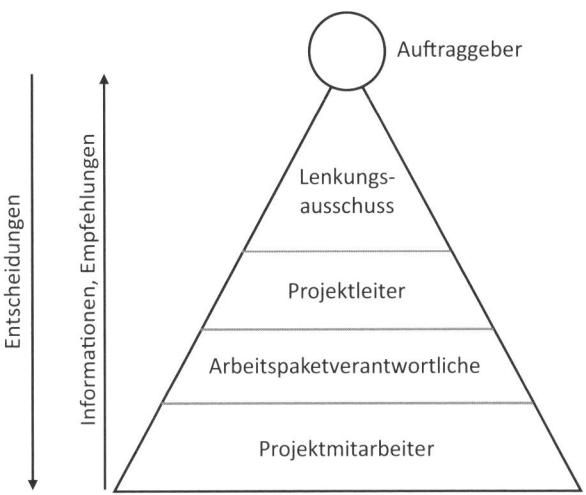

Bild 7.2 Klassischer Aufbau eines größeren Projekts

Schauen wir uns zunächst die einzelnen Funktionen in einem solchen klassischen Projekt genauer an: Der *Auftraggeber* erteilt den Auftrag und begleitet das Projekt. Ist das Projekt nach dem Pyramidenschema aufgebaut, tritt er allerdings im Alltag nicht wirklich in Erscheinung. Er wirkt auf zwei Wegen auf das Projekt ein: über einen ausformulierten Projektauftrag und durch seine Teilnahme am Lenkungsausschuss.

Im *Lenkungsausschuss* sitzen außer dem Auftraggeber und dem Projektleiter meist noch Führungskräfte aus der Geschäftsführung, den Bereichsleitungen oder aus der Leitung wichtiger Abteilungen (z. B. Marketing oder IT), deren Mitwirkung wesentlichen Einfluss auf den Erfolg oder Misserfolg des Projekts hat. Manchmal werden auch einzelne Kundenvertreter oder Mitarbeiter in den Lenkungsausschuss berufen. Dieser genehmigt den Projektantrag, ernennt die Projektleitung, teilt Ressourcen zu und gibt sie frei, startet das Projekt, unterbricht und beendet es.

Welche Rolle haben Stellvertreter typischerweise in einem solchen Projektaufbau? Es bieten sich als formelle Rollen Projekt- oder Teilprojektleitung an. Stellvertreter haben Führungserfahrung. Man geht also davon aus, dass sie auch im Lenkungsausschuss und gegenüber Auftraggebern ihren Mann stehen können. Zugleich unterstellt man ihnen, dass sie den nötigen Druck nach unten aufbauen und einen guten Kontakt zu den Projektmitarbeitern halten können. Für die besonderen Führungsverhältnisse im Projekt wären das sehr gute Voraussetzungen. Im Pyramidenbild sieht das dann wie in Bild 7.3 dargestellt aus.

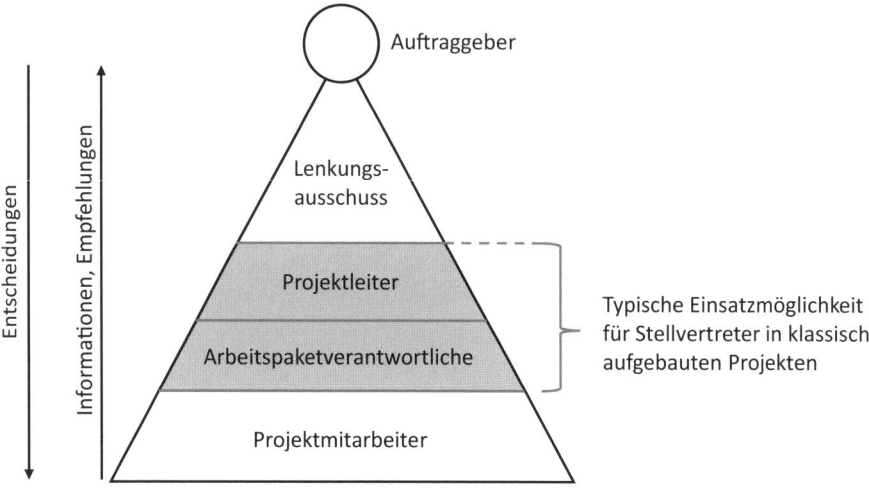

Bild 7.3 Typische Einsatzmöglichkeiten eines Stellvertreters in klassisch aufgebauten Projekten

■ 7.4 Stellvertreter und agiles Projektmanagement

Lange Zeit war die Projektpyramide das Standardmodell, an dem man sich bei der Projektplanung orientierte, denn es ist in sich logisch und bildet die Machtverhältnisse eindeutig ab. Seit etwa 2005 hat sich eine Alternative entwickelt, ein komplexes und vielgestaltiges Managementsystem, das verkürzend als agiles Projektmanagement beschrieben wird.

Anders als für klassische Projekte sind Aufbauskizzen für agile Projekte nicht so wichtig. Denn es geht in diesen Projekten weniger um die Machtverteilung und die hierarchische Entscheidungsgewalt. Es geht vor allem um eine gute Organisation der Abläufe und um einen guten Informationsfluss. Genau da liegt auch der Vorteil von agilen Methoden gegenüber klassischen Projektmanagementmethoden.

Für unsere Frage nach den Einsatzmöglichkeiten von Stellvertretern brauchen wir trotzdem eine Aufbauskizze. Bild 7.4 zeigt in etwa den Aufbau eines agilen Projekts.

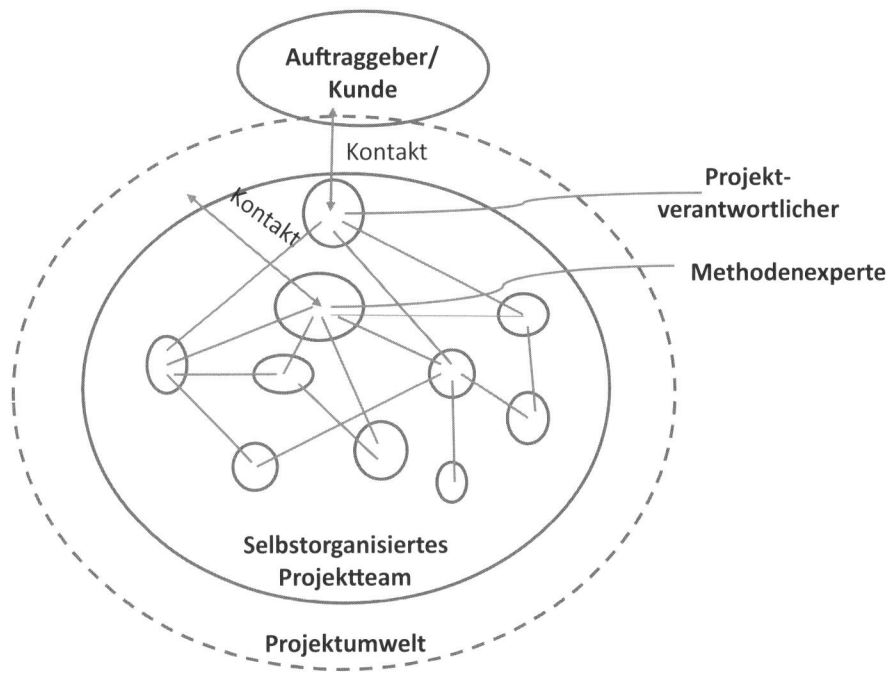

Bild 7.4 Aufbau eines agilen Projekts

In agilen Projekten sind die Aufgaben eines klassischen Projektleiters aus dem Pyramidenmodell auf zwei Rollen aufgeteilt. Es gibt einen Produktverantwortlichen (oft bezeichnet als *product owner*) und einen Methodenexperten (oft auch bezeichnet als *scrum master*). (Die Begriffe lehnen sich an eines der populärsten Systeme des agilen Projektmanagements an: SCRUM.)

Der *Projektverantwortliche* hält engen Kontakt zum Auftraggeber und sorgt für einen guten Informationsfluss. Er versorgt die Projektmitarbeiter mit dem Wissen, das sie brauchen (vor allem über den Kunden und seine Bedürfnisse), damit sie ihre Arbeit gut machen können.

Der *Methodenexperte* sorgt dafür, dass alles nach den agilen Werten, Prinzipien und Methoden abläuft, dass das Team produktiv arbeiten kann, dass keine Hindernisse aus der Projektumwelt dem Team im Wege stehen.

Der wichtigste Unterschied zum klassischen Projekt: Die Teams arbeiten möglichst hierarchiearm. Sie organisieren sich selbst und entscheiden gemeinsam, wie sie vorgehen. Als Gegenstück zu dieser weitgehenden Autonomie ist jedoch der Kontakt zum Auftraggeber/Kunden viel enger.

Während im klassischen Projekt der Auftraggeber vor allem am Anfang und Ende eines Projekts klar in Erscheinung tritt (dazwischen arbeitet das Projekt weitgehend unbeeinflusst von ihm), ist es in agilen Projekten üblich, regelmäßig, intensiv und vor allem wirklich offen mit dem Auftraggeber zu sprechen.

Der Auftraggeber erfährt detailliert, was das Projektteam gerade macht und in welche Richtung es weiterarbeiten will. Er kann nach jeder Arbeitsphase (Sprint) „stopp" sagen, seine Ziele ändern, sich etwas Neues überlegen. Er muss nur die eventuellen Kosten dafür tragen. Dazu ist er allerdings eher bereit, wenn er regelmäßig überprüfen kann, dass das Projekt wirklich in die Richtung geht, die ihm nützt, und das Endprodukt wahrscheinlich genau seinem Bedarf entsprechen wird. Wenn die Zusammenarbeit zwischen Auftraggeber und Projektteam so eng ist wie im agilen Projektmanagement, wenn Auftraggeber-Einmischung nicht wie in klassischen Projekten als lästig gilt, dann bekommt die Diskussion über Kosten einen anderen Sound.

Projektleiter und Projektstrukturen waren im alten System vor allem dazu da, den Auftraggeber vom dauernden Reinreden abzuhalten. Der Auftraggeber sollte bitte sehr am Anfang klar sagen, was er will. Und dann sollte er möglichst still sein, bis ihm in etwa das geliefert wurde, was er Monate zuvor bestellt hatte. Jeder weiß: Das führte in der Regel zu Stress und Enttäuschungen. Und es führte zu einer Wir-im-Projekt-/Die-da-draußen-Mentalität, die niemandem wirklich gut tat. Das agile Projektverständnis soll genau das verhindern.

Was kann nun die Rolle von Stellvertretern in einem agilen Projektteam sein? Dazu muss man zunächst sagen: Wenn ein Unternehmen sich komplett agil organisiert, wird es eventuell der Linienstruktur wenig Aufmerksamkeit schenken. Es kann sein, dass es in so einem Unternehmen überhaupt keine klassischen Vorgesetzten mehr gibt, sondern dass die Mitarbeiter nur noch in verschiedenen agilen Projekten aktiv sind und lediglich ab und zu einmal mit einem Mitglied der Geschäftsleitung über Themen wie Gehaltsentwicklung und Fortbildung sprechen. Sonst existiert das Konzept „Vorgesetzter" gar nicht mehr. Und in einem solchen Fall gibt es dann oft auch keine klassischen Stellvertreter mehr.

Das bedeutet für alle, die in einem solchen Umfeld Führungsverantwortung übernehmen: Sie müssen mit lateralen Methoden führen (die gleich noch genauer dargestellt werden). Wir wissen aber schon so viel: Genau das müssen Stellvertreter sowieso meistens tun. Alle, die Stellvertretererfahrung haben oder hatten, sind bestens auf solche Führungsaufgaben vorbereitet. Sie bieten sich für die Rolle des *Projektverantwortlichen („product owner")* und des *Methodenexperten („scrum master")* an.

Als *Projektverantwortlicher* könnte ein gelernter Stellvertreter alles ausspielen, was er über das Führen auf Augenhöhe, also mit Argumenten und Überzeugungskraft gelernt hat. Zusätzlich würde ihm alles zugutekommen, was er an Moderationskompetenz aufbauen konnte: Zwischen Auftraggeber und Projektteam immer wieder für einen guten Austausch zu sorgen, echte Kommunikation herzustellen, das müsste ihm leicht fallen, denn das Agieren im Spannungsfeld zwischen Chef und Mitarbeitern kennt er zur Genüge.

Ebenso wäre ihm die Rolle des *Methodenexperten* auf den Leib geschnitten, denn Strukturieren, Hindernisse aus dem Weg räumen, mit externen Partnern (aus der Projektumwelt) Probleme ansprechen und beseitigen, das alles kennt er zur Genüge.

Insgesamt kommen Werte und Prinzipien des agilen Projektmanagements vielen Stellvertretern entgegen. Sie wissen sich in hierarchiearmen Räumen und Netzwerken zu bewegen und sind Experten dafür, Probleme frühzeitig zu erkennen, Konflikte entsprechend zu klären. Das gilt nicht nur für kleine agile Projekte, sondern ebenso für größere Projekte, die mit agilen Methoden arbeiten. Hier eröffnet sich für erfahrene Stellvertreter sogar noch ein neues Aktionsfeld: die Tätigkeit als Projektleiter oder Moderator. Hintergrund: Agile Großprojekte ähneln dann doch wieder der klassischen Projektpyramide (vgl. Bild 7.5).

Jedes agile Projektteam, auch in größeren Projekten, sollte direkten Zugang zum Auftraggeber oder einem Vertreter der Kundenorganisation haben. Und wenn das so ist, braucht es für diesen Kontakt mehr Kapazität auf der Kundenseite. Einmal im Quartal im Lenkungsausschuss vorbeischauen wie früher – das konnte jeder schaffen. In einem agilen Großprojekt jedoch steigt die Zahl der Termine. Der Kontakt braucht Zeit und Aufmerksamkeit. Also sind mehr Leute beim Kunden daran beteiligt. Die Kommunikation ist nicht strategisch kanalisiert über den Projektleiter eines klassischen Projekts.

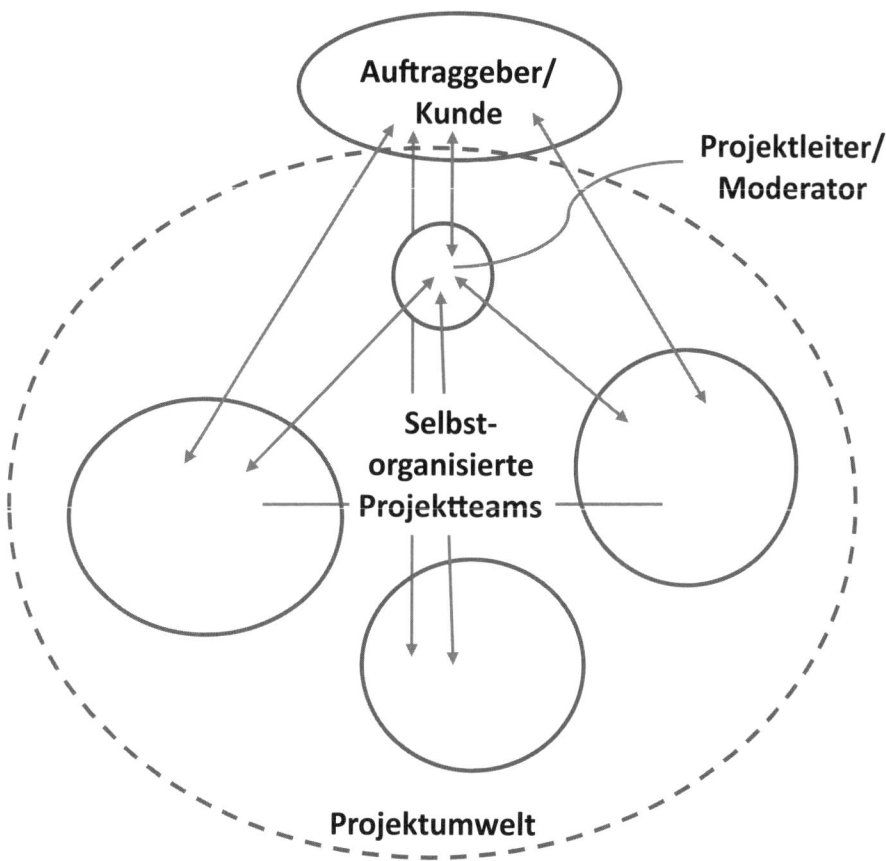

Bild 7.5 Aufbau eines agilen Großprojekts

Trotzdem muss jemand in einem agilen Großprojekt den Überblick behalten. Jemand muss koordinieren und das Gesamtprojekt moderieren. Das übernimmt dann doch wieder ein Projektleiter, und manchmal richtet man darüber hinaus sogar einen klassischen Lenkungsausschuss ein. Beide haben jedoch eine etwas andere Rolle als im Pyramidenschema. Man kann sich das etwa so vorstellen: Eine Handvoll agiler Projektkugeln liegt, wie in Bild 7.6 zu sehen, sozusagen im Innern der klassischen Projektpyramide.

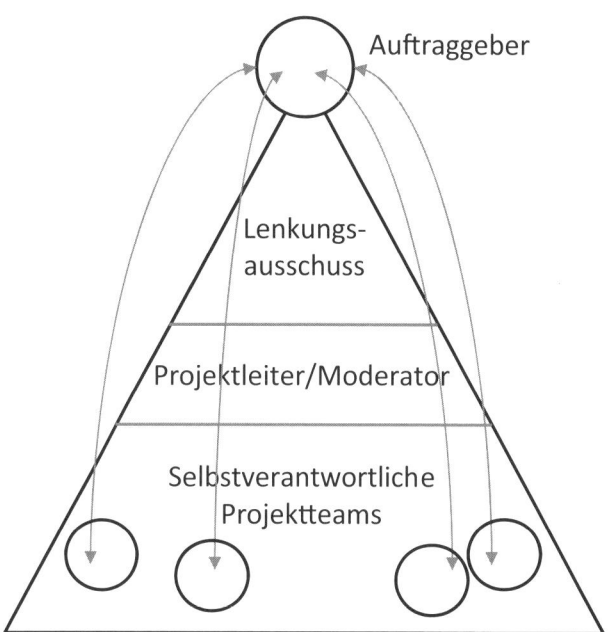

Bild 7.6 Außen- und Innenaufbau eines agilen Großprojekts

Das Besondere ist eben, dass die Projektteams nicht abgeschottet vom Auftraggeber arbeiten wie im klassischen Projektaufbau, sondern direkt an den Auftraggeber angebunden sind. In manchen Situationen mag die Projektleitung die Interessen des Auftraggebers gegenüber dem Projektteam vertreten, in manchen aber auch nicht. Die hohe Strukturiertheit der Pyramide wird also ergänzt durch eine freier fließende Kommunikation während des Projektverlaufs.

Das verändert die Rolle des Projektleiters und die Arbeit des Lenkungsausschusses. Es ist weniger ein Denken in Hierarchielinien und Strukturen gefragt, sondern eher eine dauernde Nähe zu den sogenannten Anwendungsfällen des Auftraggebers („use storys"). Gleichzeitig ist eine dauernde Nähe zu den Projektmitarbeitern und ihrer Fachkompetenz erforderlich. Ein notwendiger Spagat. Denn Projekte gelingen dann am besten, wenn das, was der Auftraggeber mit dem Projektergebnis machen und erreichen will, im Mittelpunkt steht und wenn zusätzlich das, was die Mitarbeiter wissen, voll und ganz für genau diesen Nutzen des Auftraggebers eingesetzt wird. Das ist das Spannende und Bestechende am agilen Projektmanagement. Und nicht selten lässt sich das besonders gut ausspielen, wenn man eine kluge Mischung aus alten und neuen Methoden findet – wie im Bild der Pyramide mit Kugeln im Innern.

Und die Stellvertreter? Für sie wäre eine Rolle als Projektleiter/Moderator in einem solchen Großprojekt wiederum wie auf den Leib geschneidert. Noch mehr sogar als im klassischen Pyramidenmodell. Denn hier geht es darum, in einem komplexen, relativ wenig strukturierten Geflecht von Arbeitsbeziehungen und Abhängigkeiten klug und vorausschauend zu koordinieren. Genau das dürfte erfahrenen Stellvertretern bekannt vorkommen, denn so sieht auch das Geschehen in klassischen Abteilungen oft aus der Innensicht aus.

■ 7.5 Laterale Führung in Changeprojekten

In Changeprojekten brauchen alle, die Führungsaufgaben übernehmen (zum Beispiel Projektleiter, Moderatoren, Methodenexperten), ein besonderes Handwerkszeug. Es ist das Handwerkszeug der lateralen Führung (lateral bedeutet „von der Seite her", also eben nicht „von oben"). Davon war in diesem Buch schon mehrfach die Rede. Denn die Führung auf Augenhöhe funktioniert im Kern ganz anders als hierarchiebetonte Führung. Die laterale Führung muss ohne formale Machtmittel wie etwa Abmahnungen auskommen und ohne einen eindeutigen hierarchischen Abstand zwischen Chef und Mitarbeiter.

Gerade deshalb tun Menschen mit lateralen Führungsaufgaben gut daran, ein Repertoire an wirksamen lateralen Führungsmethoden auszuprägen. Hier die wichtigsten davon:

- Wer lateral führt, geht von einem kollegialen Ansatz aus: „Ihr arbeitet nicht für mich, sondern wir arbeiten miteinander. Dazu füllen wir verschiedene Rollen aus – ich als Führungskraft, Ihr als Fachexperten oder Umsetzer." Aus diesem Grundsatz ergibt sich logisch ein Führungsstil, der nicht in erster Linie auf Machtworte und Disziplinierung setzt, sondern auf *Argumente* und gute Verständigung, in letzter Konsequenz auf *Konsens*.

- Wenn Mitarbeiter freiwillig (im Rahmen ihrer vertraglichen Verpflichtungen) und selbstständig mitmachen sollen, dann müssen sie Spaß an der Sache haben oder zumindest den Sinn und Nutzen einsehen. Deshalb sorgt eine erfahrene laterale Führungskraft dafür, *gemeinsame Denkräume* zu schaffen. Leitfragen sind dann: „Was ist wichtig?", „Was wollen wir erreichen?" und „Wie kommen wir da hin?".

- Nicht nur die Ziele werden gemeinsam diskutiert und festgeklopft, auch der Weg dahin wird besprochen. Der *Grad der Mitbestimmung* von Mitarbeitern ist im Rahmen von lateraler Führung hoch. Leitfragen sind: „Was meint Ihr dazu?", „Welche Anregungen habt Ihr dazu?", „Was müssten wir also tun?". Das bedeutet jedoch noch nicht automatisch basisdemokratische Verhältnisse. Weder Gruppen von Mitarbeitern noch Einzelne müssen im lateralen Führungsgeschehen gleich ein Veto bekommen. Die letzte Entscheidung kann hierarchisch fallen. Bis zum hierarchischen Schlusswort jedoch sind Mitwirkung, Beratung der Führungskraft und Mitbestimmung selbstverständlicher Teil des Alltags.
- Eine laterale Führungskraft kümmert sich sehr ernsthaft darum, dass die Mitarbeiter nicht dauernd auf Hindernisse stoßen. Sie leistet organisatorische *Unterstützung* nach dem Motto: „Ich räume den Weg frei." Und sie könnte sogar im Sinne eines guten *Führungsservice*s fragen: „Brauchst du noch etwas?"
- Laterale Führung sorgt oft einfach nur für das gute Zusammenspiel verschiedener Kräfte im Projekt und außerhalb. Sie *koordiniert* möglichst effizient: „Ich habe mit Frau Schmidt gesprochen, du kannst jetzt starten."
- Sie vertritt ein Team möglichst gut *nach außen*: „Darum müsst Ihr Euch nicht kümmern. Ich regle das."

Sollten Sie als Stellvertreter in Veränderungsvorhaben als Projektleiter oder Moderator zum Einsatz kommen, dann nutzen Sie das Repertoire der lateralen Führung! Sie werden erstaunt sein, wie weit man damit kommt und wie motiviert manches Team arbeitet, das in hierarchischen Verhältnissen eher zur Widerspenstigkeit neigt.

7.6 Führen von Mitarbeitern in Veränderungsprojekten

Erfahrene Stellvertreter sind häufig eine gute Adresse für Führungsaufgaben, bei denen man Mitarbeiter gewinnen und ihr Engagement wecken muss. In Veränderungssituationen wird dieses Führungsprofil dringend gebraucht. Denn die Linienführungskräfte sind in erster Linie damit beschäftigt, den Wandel sozusagen durchzudrücken. Was die Geschäfts-

oder Bereichsleitung vorhat, trifft meistens auf Skepsis oder Ablehnung bei denen, die es umsetzen sollen. Die höheren Chefs müssen aber trotz der Kritik in der Spur bleiben. Damit der Kontakt nicht abreißt, braucht es eine Zwischenebene.

Mit dem psychosozialen Bodensatz von Veränderungsprozessen können Stellvertreter gut arbeiten, wie wir schon mit Hilfe der Changekurve festgestellt haben. Als Mittler und Brückenbauer zwischen Team und Chef können sie genauer hinsehen, wen sie vor sich haben, wo Probleme im Detail liegen, was leistbar ist. Sie können angemessen reagieren, indem sie je nach Situation verschiedene Führungsstile gegenüber verschiedenen Mitarbeitern einsetzen. Das wird anschaulich durch das verbreitete Führungsmodell der klassischen Führungsstile (vgl. Bild 7.7).

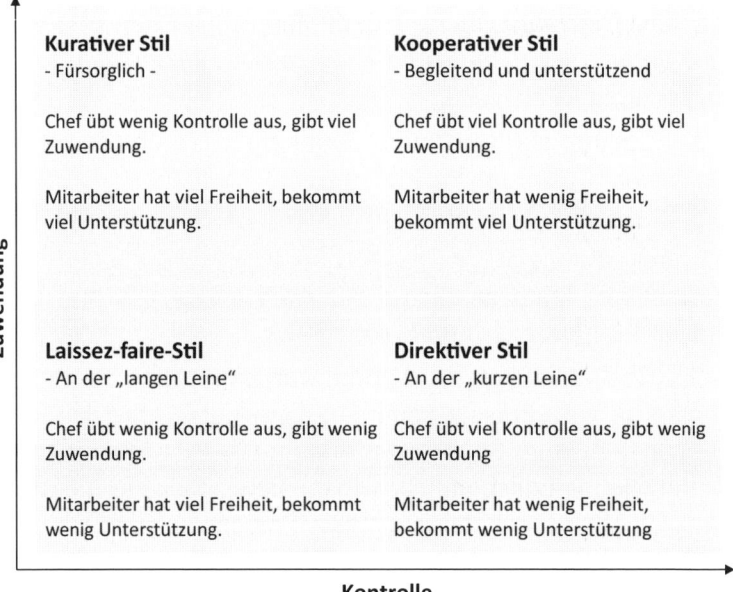

Bild 7.7 Klassische Führungsstile

Die Stile definieren sich nach dem Maß an Kontrolle, das die Chefs ausüben (x-Achse) und nach dem Maß an Zuwendung bzw. an Aufmerksamkeit von der Führungskraft, das die Mitarbeiter erhalten (y-Achse). Hier einigen Erläuterungen:

- Der *direktive* Stil ist etwas für unerfahrene oder wenig kompetente Mitarbeiter, die zudem gern klare Ansagen haben und in eng definierten Grenzen arbeiten.

- Der *Laissez-faire*-Stil ist dagegen geeignet für sehr kompetente und erfahrene Mitarbeiter, die zudem einen gewissen Freiheitsdrang haben und am liebsten selbstständig arbeiten. Die Führungskraft lässt sie laufen, nachdem sie Ziele mit ihnen vereinbart hat.
- Beim *kurativen* Stil fügt die Führungskraft dem Laissez-faire-Stil eine wichtige Zutat hinzu: „Wenn du mich brauchst, sprich mich an. Meine Tür ist offen." Manche Mitarbeiter brauchen diese Zusage, obwohl sie selbst hoch kompetent sind und ihre Aufgaben allein lösen könnten. Die Zusage gibt ihnen Sicherheit.
- Manchmal – möglichst nur phasenweise – arbeitet die Führungskraft eng mit einem Mitarbeiter zusammen an der Lösung eines Problems. Das ist dann der *kooperative* Stil: Die Führungskraft ist ganz nahe dabei, denkt mit, legt Hand an, kontrolliert dadurch auch die Einzelschritte auf dem Lösungsweg. Das kommt manchmal so, weil die Aufgabe so komplex und so wichtig ist, manchmal auch, weil ein Mitarbeiter wider Erwarten überfordert ist. Der Standardstil sollte es aber für keine Führungskraft sein, einfach weil das zu anstrengend wäre (letztlich für beide Seiten, Chef und Mitarbeiter).

Welchen Stil soll man nun wann anwenden? Die meisten Führungsexperten raten nun dazu, das eigene Führungsverhalten an drei Fragen auszurichten.

- **Welcher Führungsstil passt zu dem jeweiligen Mitarbeiter?**
  Der eine braucht die lange Leine des Laissez-faire-Stils, sonst verliert er die Lust. Der andere braucht klare Anweisungen und häufige Kontrollen, sonst verzettelt er sich (direktiver Stil). Der eine braucht Rückhalt (kurativer Stil). Der andere löst Probleme am liebsten zusammen mit dem Chef (kooperativer Stil). Was ist für einen konkreten Mitarbeiter zielführend?
- **Welcher Führungsstil passt zur Führungskraft?**
  Bei aller Flexibilität müssen Chefs authentisch bleiben. Wenn sie bloß dauernd Rollen spielen, verlieren sie ihre Durchsetzungskraft. Flexible Führung bedeutet also: Man versucht, den Mitarbeiter so zu führen, wie es für dessen Leistung am besten ist, achtet aber zugleich darauf, dass man sich nicht zu weit von seinem eigenen, intuitiven Stil entfernt. Aus einem eingefleischten Laissez-faire-Chef wird kaum ein kooperativer werden. Gleichwohl muss er in der Lage sein, auch diesen Stil in bestimmten Situationen und mit bestimmten Mitarbeitern zeitweise anzuwenden.

- **Welcher Führungsstil passt zur Situation?**
  Es ist ein großer Unterschied, ob eine Präsentation in dreißig Minuten fertig sein muss (was direktive Eingriffe nahe legt) oder noch drei Monate Zeit bis Projektende sind (was Raum für Laissez-faire bietet). Ebenso, ob die Präsentation sich an die oberste Führungsspitze richtet oder man an einem relativ unbedeutenden Kleinprojekt arbeitet; oder ob man gerade mit dem Mitarbeiter allein ist oder andere zuhören. Wer gute Führung anstrebt, achtet auf solche Rahmenbedingungen.

Den Versuch, alle drei Faktoren zu berücksichtigen – den Mitarbeiter in seiner Eigenart, sich selbst und die Situation – nennt man *flexible Führung*. Das heißt, die Führungskraft versucht, sowohl dem Mitarbeiter wie sich selbst und der Situation gerecht zu werden. Dieser Versuch gilt Führungsexperten als aussichtsreich: Wer so flexibel führt, der bringt mit seinen Mitarbeitern Leistung, findet den richtigen Ton, baut Vertrauen auf.

Was lässt sich aus den klassischen Führungsstilen nun rückschließen auf jene lateralen Führungsaufgaben, mit denen sich Stellvertreter häufig konfrontiert sehen?

- **Direktiv ist out.** Laterale Führung funktioniert selten oder gar nicht im direktiven Führungsstil. Denn das würde knappe, klare Anweisungen und den Verzicht auf Rückfragen und Diskussion bedeuten. Einmal abgesehen davon, dass dieser Stil im Umgang mit der anspruchsvollen „Generation Y" ohnehin immer mehr aus der Mode kommt, wäre in Veränderungsprojekten schon sehr genau hinzusehen: Warum sollte ein Mitarbeiter sich von einem Projektleiter herumkommandieren lassen? Dessen Kompetenzvorsprung ist in der Regel nicht so groß wie zwischen einem Meister und einem Azubi. Schlimmer noch: Oft weiß die laterale Führungskraft kaum, was der Projektmitarbeiter da eigentlich macht, geschweige denn, dass sie es kontrollieren und bewerten könnte.
- **Laissez-faire ist angesagt.** Also wird die laterale Führungskraft versuchen, einen Rahmen zu beschreiben, in dem der Mitarbeiter sich bewegen soll. Aber sie wird sich aus allem Weiteren möglichst heraushalten. Laterale Führung macht also klare Vorgaben am Anfang eines Arbeitsprozesses und gibt dann viel Freiheit – ein klarer Fall von Laissez-faire-Führungsstil.
- **Kurativ und kooperativ ist möglich.** Nun ist aber nicht jeder hoch kompetente Mitarbeiter eines Veränderungsprojekts scharf auf so viel Freiheit, wie sie der Laissez-faire-Stil bietet. Mancher sucht häufig den

Kontakt, spricht gern über das, was er tut, wünscht sich psychologische Unterstützung und sogar handfeste Hilfe. Dann bietet sich ein kurativer oder kooperativer Führungsstil an. Wenn Feedback und Unterstützung eingefordert werden, muss sich die laterale Führungskraft darauf einlassen. Nicht immer und nicht auf ewig, aber doch bereitwillig und erkennbar, zumindest am Anfang. Da laterale Führung oft einen Servicecharakter hat, kann das bis zum eindeutig kooperativen Führungsstil gehen. Wer lateral führt bzw. führen muss, kommt phasenweise nicht daran vorbei, immer wieder neu zu erläutern, worum es geht, wie man rangehen könnte, und auch immer wieder neu Zuspruch zu leisten. Schließlich muss er sogar selbst mit anpacken, zum Beispiel wichtige Kontakte herstellen, Unterlagen besorgen, engmaschig Rückmeldung geben, Dokumente überarbeiten und dergleichen Tätigkeiten mehr, zu denen die klassische Führungskraft eher Abstand halten sollte.

- **Vorsicht vor Energievampiren!** Diesem natürlichen Drive lateraler Führung Richtung kooperativer Führungsstil sollte man jedoch etwas entgegensetzen – schon als Selbstschutz. Mitarbeitern die Möglichkeit zur Rückfragen einzuräumen und praktische Unterstützung zu gewähren heißt noch nicht, dies aktiv anzubieten sowie es jederzeit und unbegrenzt zu leisten. Ein zugänglicher Projektleiter muss noch keiner mit Helfersyndrom sein. Wer klug ist, zeigt seine Serviceorientierung dann, wenn es darauf ankommt, und versucht nicht dauernd, alle davon zu überzeugen. Und wenn Mitarbeiter anfangen, mehr Energie abzusaugen, als man für sie hat, dann zeigt man ihnen im richtigen Moment das Stoppschild.

- **Freiraum plus Zugänglichkeit!** Das Idealbild einer lateralen Führung in Veränderungsprojekten würde sich also auf der Grenze zwischen kurativem und Laissez-faire-Führungsstil bewegen. Das heißt: So viel Freiraum wie möglich für alle kompetenten Mitarbeiter. Nur so viel Einmischung der Führungskraft wie nötig.

Eins wird daraus allerdings auch klar: Laterale Führung in Veränderungsprojekten kommt nicht ohne die Bereitschaft zum Zuhören aus und auch nicht ohne eine große Portion Aufmerksamkeit für die Mitarbeiter. Nimmt man den erhöhten Abstimmungsaufwand bei wichtigen Entscheidungen hinzu, dann wird klar: Der Zeitaufwand muss höher angesetzt werden als bei herkömmlichen, stärker hierarchisch geprägten Führungsaufgaben; die Führungsspanne (also die Zahl der Mitarbeiter, die eine Führungskraft betreut) wird eher kleiner sein. Projekte dieser Art zu leiten kostet Zeit und braucht Ressourcen. Sie sind nicht mit einer Hand nebenbei abzuwickeln.

Gerade deshalb sind Veränderungsprojekte für gelernte Stellvertreter ein erstklassiges Entwicklungsfeld. Wenn Sie als Stellvertreter in einer Linienabteilung das Handwerk der Führung von der Seite und das Navigieren zwischen Chef und Team gelernt haben, dann können Sie in Projekten Ihre Kompetenzen anwenden und noch sehr viel dazulernen: über die Dynamiken eines Projekts, über agile Informationsflüsse, über den enge Kontakt zu Kunden und Auftraggebern. Und genau für diese zusätzlichen Kompetenzen gibt es in den Unternehmen und Organisationen der Zukunft voraussichtlich jede Menge Verwendung.

Epilog

Wenn Sie sich mit diesem Buch intensiv beschäftigt haben, besitzen Sie alles nötige Rüstzeug für eine erfolgreiche Arbeit als Stellvertreter. Sie erkennen frühzeitig die Fallstricke, über die mancher Stellvertreter stolpert. Sie haben verstanden, was Ihre Rolle im Spannungsfeld zwischen Chef und Team so besonders macht. Sie wissen, worauf es ankommt und wahrscheinlich sogar, wo Sie als Nächstes hin wollen auf Ihrem beruflichen Weg.

Stellvertretung als Chance für Ihre persönliche Entwicklung

In einem der seltenen Fachbücher über Stellvertretung listen Asselmeyer und Mitautoren Statements von Stellvertretern auf (die hier leicht vereinfacht wiedergegeben werden). Daraus ergibt sich eine zwiespältige Bilanz des Stellvertreterdaseins.

Einerseits finden sich eher nachdenkliche Aussagen wie diese:

- „Ich werde mehr in Konflikte verwickelt als früher."
- „Ich muss mehr arbeiten."
- „Meine Ferien sind kürzer."
- „Ich kann nicht mehr ‚nicht führen', und ‚nicht achtsam sein', wenn ich Missstände und Problemen sehe."

Andererseits sagen die Stellvertreter aber auch:

- „Im empfinde mehr Zufriedenheit an meinem Arbeitsplatz und habe mehr Freude an der Arbeit."
- „Ich kann mehr beeinflussen, etwas bewegen, meine Organisation nach meinen Idealen mitgestalten."
- „Es wächst der Mut, unangenehme Gedanken zu äußern."
- „Ich bin selbstständiger geworden."

Hier zeichnet sich eine klare Entwicklungslinie ab. Diese Stellvertreter haben sich einer Herausforderung gestellt und bei allen Schwierigkeiten und Belastungen haben sie doch erkennbare Entwicklungsschritte gemacht. Ihre Professionalität ist gewachsen, sie sind als Führungskraft und persönlich gereift. Sie stehen ihren Mann im neuen Job.

Wie in einem Brennglas sieht man Grenzen und Chancen der Stellvertretung in diesen Äußerungen:

- „Kollegengespräche enden, wenn ich den Raum betrete. Ich fühle mich manchmal einsam."
- „Das Verhältnis zu den Kollegen ändert sich wieder zurück, seit ich mich als Stellvertreter bewährt habe."

Schöner kann man kaum ausdrücken, welche Chance die Arbeit als Stellvertreter bietet: Man kann sich Respekt auf einer neuen und höheren Ebene erarbeiten. Und was gibt es im Berufsleben Schöneres als genau dies: Respekt zu erhalten von Kollegen, Chefs und Mitarbeitern, die einen gut kennen; Respekt, den man sich aus eigener Kraft erarbeitet hat, weil man etwas gewagt und sich bewährt hat.

Stellvertretung als Karrierechance im Zukunftsfeld laterale Führung

Die individuelle Perspektive wäre schon Grund genug, Stellvertreter zu werden und die Aufgabe beherzt anzugehen. Aber ein zweiter Grund ist auch nicht ohne. Indem Sie sich mit einer Stellvertreteraufgabe vertraut machen, sichern Sie Ihre berufliche Zukunft.

Es gibt eine lebhafte Diskussion unter Führungsfachleuten darüber, wie viel Hierarchie die Unternehmen künftig eigentlich noch brauchen. Viele sagen: „Die Zukunft der Führung ist eine Zukunft ohne Führung." Um solche Fragen geht es dabei:

- Sind die hierarchisch geprägten Entscheidungsprozesse und Machtstrukturen heutiger (Groß-)Unternehmen nicht Vorboten ihres Untergangs?
- Werden Firmen bestehen können, in denen Fachleute nur geringen Einfluss auf Entscheidungen haben, während Manager ohne Fachkenntnis das Unternehmen steuern?
- Sollte Führung nicht vor allem dazu dienen, einen guten Rahmen für die hoch qualifizierten Fachleute zu schaffen, aus deren Wissen die Erfolge am Markt erwachsen?

- Lassen sich solche Experten, die sich den Arbeitsplatz aussuchen können, überhaupt noch motivieren, wenn sie dauernd auf hierarchische Grenzen stoßen?

Wenn man Unternehmen und Organisationen einmal aus der Perspektive derer durchleuchtet, die zukunftswichtiges Wissen in ihren Köpfen haben, dann sind die heutigen Unternehmen in ihrer Grundstrukturen und Entscheidungsprozessen falsch angelegt. Führung auf Augenhöhe wäre das mindeste, was man diesen Wissensarbeitern anbieten müsste. Vielleicht aber auch gleich Führung von unten.

Wer andere führt, müsste folglich seine Mitarbeiter (die dann nicht mehr so heißen würden) fragen: „Was kann ich tun, damit du gut arbeiten kannst?" Entscheidungsprozesse würden zunehmend demokratisch oder basisdemokratisch organisiert. Die Fachleute wären die Stars der Unternehmen. Ihre Gehälter würden sie nach einem ausgeklügelten Verfahren untereinander abmachen und festlegen. Selbst dieses Machtprivileg wäre den Führungskräften genommen.

Merkwürdige Vorstellung? Nur etwas ungewohnt. Experimente in diese Richtung gibt es schon viele. Die gute Nachricht ist jedoch: Nach Lektüre dieses Buches müsste Ihnen das alles bekannt vorkommen. Ein Stellvertreter legt keine Gehälter fest, er besitzt kaum Machtmittel und stellt oft Fragen wie: „Was brauchst Du, um die Arbeit gut machen zu können?" Stellvertreter lernen so etwas Neumodisches wie Führung von der Seite (laterale Führung) oder dienende Führung ganz nebenbei. Sie haben deshalb die besten Zukunftschancen von allen. Sie sind die natürlichen Nachfolger der Von-oben-herab-Fraktion unter den Managern, also jener Alphatypen, die in vielen Unternehmen immer noch den Ton angeben und sich dabei im Moment noch sehr sicher fühlen.

Stellvertretung hat Zukunft

Nun darf man bezweifeln, ob sich laterale Führung tatsächlich so durchsetzt, wie manche Unternehmensberater es voraussagen. Es sind zurzeit nur wenige Unternehmen in wenigen Branchen, die eine Umkehrung der Machtverhältnisse wagen. Marktmechanismen, Organisationskulturen und rechtliche Vorgaben werden weiterhin für eine Vielfalt der Führungsstile sorgen. Dennoch ist die Voraussage plausibel, dass der Anteil lateraler Führung wachsen wird.

Deshalb sind Stellvertreter auf dem richtigen Weg. Dass sie ihren Durchsetzungswillen zügeln und die soften Aspekte von Führung betonen müssen, bereitet sie auf vielfältige wichtige Jobs vor. Das Defizit Führen ohne Macht ist gar keines, sondern eine Art Trainingsvorteil. Wer mit Rucksack trainiert, läuft später ohne Rucksack schneller als andere. Wer lernt, ohne Macht zu führen, wird in der Zukunft besser führen als die, die immer über starke Machtmittel verfügt haben.

Deshalb ist zu hoffen, dass möglichst viele Unternehmen Stellvertreterpositionen als wichtige Ressourcen sehen. Wenn sie Stellvertreter einsparen, verlieren sie ein wichtiges Trainingsfeld für Talente und zugleich eine Art natürliches Labor für andere, weniger machtorientierte Führungsstile.

Schule der Führung, Schule des Lebens – Stellvertretung trainiert berufliche Kompetenzen und sichert zugleich jene persönliche Weiterentwicklung, die Voraussetzung für gute Führungsarbeit ist. In diesem Sinne muss einem nicht bange sein um die Zukunft der Stellvertretung und derer, die sich dieses reizvolle Arbeitsfeld erschließen.

Literatur

Asselmeyer, Herbert; Steltz-Kallenbach, Jörg; Wassmann, Thomas: Stellvertretung werden – Stellvertretung sein. Ihr Begleiter zur Vorbereitung und Ausführung der neuen Funktion, Stuttgart: Raabe Bildungsmanagement 2013 (E-book)

Baecker, Dirk: Postheroisches Management, Berlin: Merve 1994

Bittelmeyer, Andrea: Argument schlägt Hierarchie, in: Management Seminare Nr. 204 (März 2015), S. 76–80

Bremmer, Ian: Macht-Vakuum. Gewinner und Verlierer in einer Welt ohne Führung, München: Hanser 2013

Chott, Peter: Schulleitung im Team. Standortbestimmung: Wo stehe ich als Konrektor und Stellvertreter?, Berlin: Cornelsen 2014 (E-book)

Chott, Peter O.: Konrektorenstudie. Ergebnisse der Befragung von Konrektor(inn)en und Stellvertreter(innen) an Grund-, Haupt- und Förderschulen in Bayern im Jahr 2002, München: Akademie für Politik und Zeitgeschehen, 2003

Emmerich, Astrid: Führung von unten. Konzept, Kontext und Prozess, Wiesbaden: Deutscher Universitätsverlag 2001

Gebhardt, Birgit; Hofmann, Josephine; Roehl, Heiko: Zukunftsfähige Führung, Gütersloh: Bertelsmann-Stiftung 2015

Gloger, Axel: Das Ende des Vorgesetzten. Führung 2020, Management Seminare Nr. 183 (Juni 2013), S. 24–30

Grundl, Boris: Die Zeit der Macher ist vorbei. Warum wir neue Vorbilder brauchen, Berlin: Econ 2012

Lehky, Maren: Leadership 2.0. Wie Führungskräfte die neuen Herausforderungen im Zeitalter von Smartphone, Burn-out & Co. managen, Frankfurt/Main: Campus 2011

Linne, Larry G. (with Ken Koller): Make the Noise go away. The Power of an effective Second-in-Command, Bloomington: iUniverse Star 2011

Andree Martens: Macht in Bewegung. Führen ohne Hierarchie, in: Management Seminare Nr. 207 (Juni 2015), S. 24-30

Sheets, Dutch; Jackson, Chris: Second in Command. Strengthening Leaders who Serve Leaders, Shippensburg PA: Destiny Image 2005

Stöwe, Christian; Keromomsemito, Lara: Führen ohne Hierarchie – Laterale Führung. Wie Sie ohne Vorgesetztenfunktion Teams motivieren, kritische Gespräche führen, Konflikte lösen, Wiesbaden: Springer/Gabler 2012

Index

A

Abläufe 103, 134
Abmahnungen 8
Abmahnungsgespräche 29
Absprache 46
– mit dem Chef 7
Abstimmungsaufwand
– bei Entscheidungen 145
Abteilung 104, 106, 120
Abwanderung
– von leistungsstarken Mitarbeitern 131
Abwehrreaktionen 128
Abweichungen 89
Abwesenheit
– des Chefs 67
Akzeptanz 27
– im Team 8
Alltag 20, 38, 40
Alltagsthemen 29
Analyse 41
Analysefähigkeit 45
Anbiederung
– taktische 25
Angelegenheiten
– disziplinarische 6
Angriffe 47, 78, 80
– Reaktionen auf 83
Angst
– vor dem Neuen 118
Anreize 74
Ansprüche
– des Chefs 24
– des Teams 24

Anstoß 87
– ohne Vorgaben und Termine 88
Anweisung 87
Anwendungsfälle
– des Auftraggebers 139
Arbeit
– erfolgreiche 147
– fachlich geprägte 118
Arbeitsbereiche XIII
Arbeitsbeziehungen 73
Arbeitsfähigkeit
– von Teams 103
Arbeitsgrundlage 30
Arbeitslast 41
Arbeitsplatz 128
Arbeitszufriedenheit 101
Argumente 55, 74, 81
– für Stellvertreter 103
Aspekte
– psychosoziale 132
Attacke 81
Aufgabe 73, 87f., 122
– als Fachkraft 48
– alte 50
– Bedeutung der 89
– eines Stellvertreters 3
– eines Übersetzers 60
– fachliche 17
– organisatorische 48
– Planungs- XIII
– Termine der 89
– Umfang der 89
– Ziel der 89

Aufgabenprofil 106
Aufgabenübertragung 86
Aufmerksamkeit
– der Führungskraft 142
– für die Mitarbeiter 145
Aufträge XIII, 45
– Organisations- 7
Auftraggeber 133, 135 ff.
Ausbrüche 35
Aushilfe
– Notfall- 22
Autonomie
– des Teams 135
Autorität XIII

B

Basisbedingungen
– der Arbeit 72
Beauftragung
– schleichende 22
Bedenken 74
Bedeutung
– strategische 107
– von Stellvertretern 100, 108
Befugnisse 5, 23, 87
– des Stellvertreters 5
Begleitfaktoren 72
Belastungen 50, 106, 118, 148
– private 73
Berater
– interner 132
Bereichsleiter 29
Berufsleben 148
Berufswege 100
Beschwerden 29
Besprechungen XIII, 3, 61, 80
Bewährungsposition 107
Bewertungen 35
Bezüge 104
Bilanz
– des Stellvertreterdaseins 147
Botschaft 67
Burn-out 50
Burn-out-Gefahr 101

C

Chance 2, 122
Changekurve 128 f., 142
Changeprojekte 127
Chef XIII, 2 f., 6, 35, 37 f., 47, 50, 58, 60, 93, 102, 104, 106, 110 f., 120, 128
– Abwesenheit des 69
– Kontakt zum 24
– schwacher 59
– Verhältnis zum 25
Chefposition 118
Chefstuhl 67
Chefvertreter 12
Coach 50
Coachingprogramme 100

D

Datenschutz 104
Definition
– von Stellvertreter 18
Delegation 48, 87, 90, 92
– des Chefs 90
– gewollte 91
– globale 91, 97
– Kontrolle bei 89
– sorgfältige 88
– spezielle 91
– ständige 90
– temporäre 90
– ungewollte 91
Delegationsgespräch 73, 81, 88 f., 92, 97
Denkräume 140
Detailfragen 130
Details 47
Dialog 72 f.
Diskussionsräume 131
Distanz
– zum Team 25
Disziplinierung 140
Dominanz 124 f.
Drohpotenzial 93

Druck 131
Durchsetzungskraft 143
Durchsetzungswille 123, 125
Dynamik
– emotionale 128
– im Team 75
– psychosoziale 128, 131

E

Eigenmotivation
– des Mitarbeiters 73
Einarbeitung 31
Einarbeitungsphase 20, 22
Einfluss 53, 111
Einführung 22
Einigung 30
– vorläufige 30
Einsicht
– des Mitarbeiters 74
Einstellungsgespräche 29
Einstieg 20, 38
Einwände 46
Einzelcoaching 131
Einzelgespräche 80
Eminenz
– graue 13, 113, 115
Emo– 33, 35 f., 47, 82 f.
Emo+ 33, 35 f., 46, 82
Endprodukt 136
Engagement 141
– wecken 73
Entlassung 128
Entscheidungen 2, 4
– Richtungs- 5
Entscheidungsbefugnis 90
Entscheidungsgewalt 113
Entscheidungskompetenz 88
Entscheidungskriterien 100
Entscheidungsprozesse 125, 149
Entwicklung 4, 55
Entwicklungsfeld 146
Entwicklungslinie 148
Entwicklungsraum 115, 118
Entwicklungsschritte 148

Entwicklungsstrategie
– kurz- bis mittelfristig 111
Entwicklungswege 111
Erfahrungen 73, 122
Erfahrungsaustausch 131
Erfolge 20, 72
– am Markt 93, 148
Erfolgsaussichten 28
Ergebnisse 106
– sichern 60
Erholung 102
Erstvertreter 110
Erwartung 68
Eskalation
– Risiko für eine 81
Eskalationsstufen
– für Konflikte 8
Experten 149
Ex-Stellvertreter 120 f.

F

Fachaufgaben 48
Fachkompetenzen 44, 122
– der Mitarbeiter 47
Fachkraft 104
Fachthemen 115
Fachwissen
– der Teammitglieder 45
Fähigkeiten
– strategische 93
Fahrstuhlaufstieg 25
Fakten
– klären 81
Fallen 27
Feedback 73
Fehlentscheidungen 103
Fehler 40, 44, 102
Fehlertoleranz 22
Finanzverantwortliche 110
Fluktuation
– auf Führungsposten 101
Fortbildungen 100, 104, 131
Fragen 26, 33 f., 41, 73, 81
– des Sitzplatzes 67

- halboffene 33
- offene 33
- Steuerungs- 33
Frustrationsphase 131
Führen 44
- auf Augenhöhe 137
- authentisches 37
- ohne Macht 115, 150
Führung 61, 67, 93, 122, 125
- auf Augenhöhe 140, 149
- dienende 149
- flexible 143 f.
- hierarchiebetonte 140
- kooperative 9
- laterale 140, 144 f., 149
- von der Seite 146, 149
- von unten 149
- Zukunft der 148
Führungsanfänger 69
Führungsarbeit 150
Führungsaufgaben 48, 93, 102, 125, 137, 141
- Einstieg in 4
- hierarchisch geprägte 145
- laterale 140, 144
Führungsautorität 67
Führungsebene
- mittlere 44
Führungserfahrung 104, 114, 118, 133
Führungsfunktion 44 f.
Führungsgrundsatz 73
Führungsimpulse 61
Führungsinstrument XIII, 81
Führungskraft 71, 122, 128 f., 133
- ideale 125
- laterale 144
Führungskultur 93, 122
Führungsmethoden
- laterale 140
Führungsnachwuchs 100
Führungsperson
- charismatische 125
Führungsposition 4, 40, 93, 115
Führungsprofil 141

Führungsrolle 67
Führungsspanne 145
Führungsstil 150
- direktiver 142 ff.
- klassische 142, 144
- kooperativer 143, 145
- kurativer 143, 145
Führungsverantwortung 136
- Angst vor 119
Führungsverhalten 143

G

Gefahr
- im Verzug 6
Gefühle 83
Gegenargumente 40
Gegenreden 80
Gegenspieler 62 ff., 69, 78, 81
Gehalt 100, 107, 149
Gehaltsbestimmung 104
Gehaltsbudget 104
Gehaltserhöhung 108
Gehaltstarifverträge 110
Gehaltsverhandlungen 110
Gehaltszulagen 108
Gelassenheit
- machtbewusste 69, 80 f.
Gesamtorganisation 4
Geschäftsführung 101
Geschäftsleitung 136
Geschäftsverteilungsplan 5, 29
Geschick
- kommunikatives 28
Gespräche 78
- heimliche 121
- offene 49
Gesprächsführung XIII, 32 f., 37, 123
Gestaltungsfreiraum 87
Gewinn
- für das Unternehmen 108
Gewinnaussicht 110
Gremien
- Vertretung in 29
Grenzen 112

Großprojekt
- agiles 137 f.
Grundsatzkonflikte 60
Grundsatzopposition 62
Grundstrukturen 149
Gruppe 61

H

Haftbar
- rechtlich 7
Haltung 68 f., 71, 78 f.
- innere 33
Handlungsrahmen 23
- formaler 8
- formeller 9, 12, 28 f., 31 f., 53, 111
- gewünschter 11
Handlungsverantwortung 90
Hauptaufgabe 60, 87
Herausforderung 128, 148
Hierarchie 44, 148
Hierarchieebene 102
- nächsthöhere 16
Hierarchiekonflikt 80
Hierarchielinien 139
Hilfe 145
- disziplinarische 81
Hindernisse 135
Humor 47, 69

I

Ich-Zustandsmodell 33
Ideen 24
Illoyalität 121
Incentives 74
Informationen 24, 46
Informationsbeschaffung 7
Informationsfluss 134 f.
Infragestellung 69
Intelligenz
- soziale 28
Interaktion 15, 18
Interessen
- der Abteilung 46

- der Leitung XIII
- des Teams XIII
Interessengegensätze 41
Intuition 45

J

Jammern 33

K

Kaminaufstieg 25, 27, 120
Karriere 17
Kasernenhofton 32, 40, 55
Klärung 31, 38, 48
- humorvolle 35
- mit dem Chef 32
- mit dem Team 32
- mit den Mitarbeitern 31
- sachliche 32
Klärungsgespräche 18, 20, 24, 30, 35, 37, 40
- mit dem Chef 28
Klärungsphase 23, 28
Klassensprechersyndrom 40
Koleitung 13, 52, 111
Kollegen 55
- stillere 60
Kommandoton 43
Kommunikation 18
- in agilen Großprojekten 137
Kommunikationsfähigkeit XIII
Kompetenz 80, 122, 150
Kompromisse 74
Konflikte 7, 83, 93, 106, 115, 122, 124, 137
- im Team 106
- zwischen Teamleitung und Team 40
Konfliktfähigkeit 123
Konfliktgespräche 82
Konfliktsituationen 97
Konfliktthemen 68, 80
Konkurrenz
- zum Chef 125
Konsens 140

Konsequenzen 93
Kontakt 73, 130
Kontrolle 63
- der Chefs 142
Körperspannung 71
Körpersprache 67 f.
Kosten 136
Kreativität 123
Kritik 33, 42 ff., 68, 70, 142
Kundenorganisation 137
Kundenvertreter 133

L

Laissez-faire-Stil 143 f.
Leistung 3, 128, 144
- des Mitarbeiters 143
- des Stellvertreters 22
Leistungsdruck
- der Abteilung 58
Leistungskraft 132
Leiter
- von Arbeitspaketen 132
Leitungsanspruch 70
Leitungsaufgaben 30
Leitungsebene 3
Leitungsrolle 132
Lenkungsausschuss 133
- in agilen Großprojekten 138 f.
Lernerfolg 44, 129
Lernprozess 44
Lernschritt 69
Linienführungsfunktion 113
Linienführungskräfte 4, 90, 93, 100 f., 119, 121, 123, 125, 141
- Belastung für 101
- Entlastung für 103
Linienführungsposition 93, 122
Linienstruktur 136
Linienvorgesetzter 126
Lob 72
Lösung 45, 48
Lösungssuche 42
Lösungsvorschläge 41
Loyalität 25, 42, 63, 115

M

Macht 3, 5, 31, 35, 93, 120, 125, 150
Machtkampf 78 f., 83
- zwischen Spielmacher und Gegenspieler 63
Machtkarte 78, 81
Machtmittel 67, 83, 140, 150
Machtposition 115
- des Stellvertreters 86
Machtstrukturen 148
Machtverhältnisse 134
- Umkehrung der 149
Machtwort 37, 86
Management 17
- mittleres 93
Managementprozesse 45
Mann
- zweiter 13, 52, 111
Markt 107
Marktsituation 102
Meinungsverschiedenheiten
- zwischen Chef und Stellvertreter 60
Methoden
- agile 135
- laterale 136
Methodenexperte 135, 137
Mitarbeiter 3, 26, 31, 35, 37 f., 41, 45, 50, 71, 73, 81, 86 ff., 102, 115, 120, 128 f., 141, 149
Mitarbeiterführung 93
Mitbestimmung 141
Mitspieler 63 f.
Mitspielerrolle 64
Mittler
- zwischen Chef und Team 142
Mittlerrolle
- zwischen Team und Chef 129
Moderationskompetenz 137
Moderator 141
Modifikationen
- am Veränderungsvorhaben 131
Motivation 71, 111
- des Mitarbeiters 71

Motivationsarbeit 75
Motivationsgespräch 58, 72
Motivationswirkung 71
Motive 41

N

Nachrückverfahren 119
Nachteile
– der Stellvertreterposition 2
Nähe
– kollegiale 27
Nestflüchter 27 f., 120
Nesthocker 27 f., 120
Netzwerk 28, 137
Normalität 20
Notstand
– übergesetzlicher 121
Nutzen
– des Auftraggebers 139

O

Opposition
– gegenüber dem Chef 55, 113
– im Team 42
Oppositionsfalle 40
Organisation 104, 107
Organisationsaufgaben 45
Organisationsgeschick 122
Organisationskompetenz 104

P

Partner
– externe 4
Peervertreter 101
Perfektion 44
Personalentwicklung 50
Personalgespräche 29
Personalplanung 102
Position
– abweichende 59
– aktuelle 53
Prämien 74

Praxis 68
– betriebliche 5
Prinzipien
– agile 135
Probleme 4, 22, 42, 48, 137
Problemlösung 36, 80 f.
– pragmatische 72
Problemsituationen 35
Problemursache 45
Produktivität
– einer Besprechung 63
Produktverantwortlicher 135
Professionalität 27, 148
Profil XIII
Programm
– gruppendynamisches 69
Projektantrag 133
Projektaufgaben 7
Projektbudgets 41
Projekte XIII, 45, 132
– agile 134
– klassische 134 f.
– klassisch organisierte 132
Projektergebnis 139
Projektleiter 132 f., 136, 141, 144
– in agilen Großprojekten 138 ff.
– klassischer 135
Projektleitung 104, 114, 118
Projektmanagement
– agiles 134
Projektmanagementmethoden
– klassische 134
Projektmitarbeiter 133, 135, 139
Projektplanung 134
Projektpyramide 134, 137
Projektstrukturen 136
Projektumwelt 135
Projektverantwortlicher 137
Projektverständnis
– agiles 136
Protest 130
Provokation 80
Putsch 121
Putschchance 121
Putschfantasien 122

Pyramidenmodell 135
Pyramidenschema 132, 138

Q

Qualifikationen 104
Qualität 42, 64
– der Arbeit 63
– von Entscheidungen 103
Quereinstieg 120

R

Rahmen
– der Stellvertretung 28
Rangordnungen 75
Ratgeber 27
Reformen 16
Regeln 35, 63, 75
Renommee 2f., 119, 122
Reorganisationen 127
Respekt 55, 148
Ressourcen 88, 133, 150
Rituale 75
Rivalität 115
Rolle XIII, 24, 27, 58, 75, 80, 147
– im Führungsgeschehen 100
– im Spielmachermodell 62
– Weiterentwicklung der 51
Rollenfindung 48
Rollenklärung 5, 14, 35
Rollenverständnis 78f.
Routinesituationen 58
Rückdelegation
  an den Chef 48
Rückfragen 74, 145
Rückmeldung
– des Chefs 15
Rücksprache
– mit dem Chef 8, 31, 48, 74
Ruf 40

S

Sachlichkeit 69, 80
Sandwichposition 2
Sarkasmus 43
Schlagfertigkeit 69
Schwächen
– in der Organisation 106
– in der Qualitätssicherung 106
Schwerpunkt
– fachlicher 47
– operativer 43
Schwierigkeiten 148
Selbstbeschränkung 55
Selbstbewusstsein 120
Selbstbild
– neues 120
Selbsterkenntnis 118
Selbstmotivierung 123, 125
Selbstorganisation 50
Selbstständigkeit 115, 119
Selbstverantwortung 79
Selbstvertrauen 129
Serviceorientierung 145
Situation 87
Sitzplatz
– richtiger 67
Sitzung 59
Sonderaufgaben 115
Sozialkompetenz 123
Spannung 40
– zwischen Chef und Stellvertreter 59
– zwischen Führungsimpuls und Gegenkraft 62
Spannungsfeld
– zwischen Chef und Mitarbeitern 43, 55, 58
– zwischen Chef und Team 41, 60f., 122, 147
Spielmacher 63f., 68
Spielmachermodell 61, 64, 78
Spielmacherrolle 62, 68
Spielraum 22, 118
– des Stellvertreters 7
– informeller 8, 12, 14, 31, 53, 55, 111

Spielregeln 129
Sprechen
– machtbewusstes 68
Standardmodell
– für Projekte 134
Startphase 20, 37
Stellvertreter
– informeller 22
– starker 59, 111
Stellvertreteraufgaben 48
Stellvertretererfahrung 136
Stellvertretermatrix 51, 54, 111
Stellvertreterposition 100
Stellvertreterrolle 29, 31, 43, 48, 71, 120
Stellvertreterzuschlag 110
Stellvertretung
– arbeitsteilige 10, 30, 52, 111
– Art der 38
– bei Verhinderung 10, 30
– dauerhafte 110
– Grenzen und Chancen 148
– im Auftrag (i. A.) 7
– in Abwesenheit 9, 30, 54, 111
– informelle 104
– in Vertretung (i. V) 6
– ohne Benennung und Befugnis 9
– ohne klare Befugnis 9
– vorübergehende 110
Steuerung
– von Prozessen XIII
Strategie 17, 130
– kurz- bis mittelfristige 50, 53, 55
Stress 3
Stufenplan 30
Subsystem
– Chef/Stellvertreter 23
System
– Chef/Stellvertreter 16
– Unternehmen 16

T

Tarifvertrag 110
Team XIII, 27, 40, 104, 106, 114, 118, 122
– in agilen Projekten 135
Teambesprechungen 58
Teamfrieden 60
Teamklima 40
Teamkollegen 25
Teamkultur 26
Teamleitung 25
Teammitglieder 16
Teamsitzungen 24, 59
Teilhabe
– an der Führung 3
Termintreue 45 f.
Terminvorgaben 41
Testfeld 122
Titelträger 12
Trainingsfeld
– für Talente 150
Transaktionsanalyse 33
Transparenz 74
Trauerphase 128, 131
Trouble-Shooting 22

U

Übereinkunft
– zwischen Chef und Stellvertreter 29
Überforderungskrise 30
Übergangsphase 120
Überlastung 44, 48 f., 55
– Ursachen für 50
Überlegungen
– strategische 43
Umfeld
– berufliches 27
Unsicherheit 22, 25, 44
Unternehmen 104, 107, 127
Unternehmenskultur 26, 102
Unterstützung 145
– des Chefs 50
– organisatorische 141
Unterwerfungsfalle 40

V

Veränderungen 17, 24 ff., 43, 106, 128
- Sinn der 128
Veränderungsimpulse 31
Veränderungspläne
- der Unternehmensleitung 130
Veränderungsprozesse 18, 128
Veränderungsvorhaben 127
Veränderungsziele 132
Verantwortlichkeiten 28
Verantwortung 3, 48, 50, 55, 102, 118
- für die Umsetzung 88
Verantwortungsbereich 42, 129
Vereinbarung 88
Vergütung 100
Verhalten
- gegenüber dem Chef 42
- gegenüber dem Team 42
- inkompetentes 93
- produktives 64
- unproduktives 64
Verhandlungsgeschick 37, 123
Verhandlungssicherheit XIII
Versagensgefühle 118
Versäumnisse 80
Verständigung 81
Vertrauen 30, 55, 144
Verunsicherung 49
Vision
- der Geschäftsleitung 128
V-Modell 33, 82
V-Modus 34 ff., 38, 40, 46, 83
Vollmacht XIII
Vorahnungen 128
Vorausplanung 131
Voraussetzungen
- für eine Aufgabe 88
Vorbedingungen
- für Motivation 72
Vorbild 72
Vorklärung 25
Vorklärungsphase 24, 26
Vorschlag 30, 49
Vorteile
- der Stellvertreterposition 2

Vorwurf 46, 78
- Reaktionen auf 83

W

Wandel 113
Wechsel 115
Weisungsbefugnis 4, 8
Weiterentwicklung 122, 126
- langfristige 114
- persönliche 150
Werte
- agile 135
Wertschätzung 6, 72
W-Fragen
- der Delegation 92
Widerstand 40, 42, 67, 70, 81 f., 124
- aus dem Team 32
Wissen
- Kann- 47
- Muss- 47
- Muss-ganz-sicher-nicht- 47
Wissensarbeiter 149
Wissenslücken 45
Wutausbrüche 37

Z

Zeitansatz
- für laterale Führungsaufgaben 145
Zeitdruck 41, 103
Ziele 74, 88, 141
Zufriedenheit 55, 111
Zuhören
- aktives 33
- Bereitschaft zum 145
Zukunft 110, 150
- berufliche 148
Zulage 107 f.
- angemessene 104
Zurechtweisung 35, 59
Zusammenarbeit
- in der Abteilung 80
- zwischen Auftraggeber und Projektteam 136

– zwischen Chef und Stellvertreter 6, 14, 29, 48, 58
Zuschauer 64
Zuschlag
– aufs Gehalt 100

Zuständigkeiten 5, 38, 55
– der Mitarbeiter 47
Zwangsmittel 71

Autor

Dr. Christian Sauer ist Führungskräftecoach, Trainer und Organisationsentwickler. Der gelernte Journalist hat sieben Jahre als Stellvertreter gearbeitet und weitere fünf Jahre in sogenannten lateralen Führungsaufgaben. Er ist als Dozent spezialisiert auf das Thema Führung und gibt seit 2008 Seminare für Stellvertreter.

Seine journalistische Laufbahn begann er beim „Tagesspiegel" in Berlin. Er war Redakteur und Reporter diverser Medien und zuletzt Mitgründer und (bis 2005) stellvertretender Chefredakteur des Magazins „chrismon". Er hat die Ratgeber „Souverän schreiben" (2007) und „Qualitätsmanagement in Redaktionen" (mit Ulf Grüner, 2010) veröffentlicht sowie zahlreiche Fachbeiträge.

Info: www.christian-sauer.net

Kontakt: c-s@christian-sauer.net

HANSER

Gehen Sie in Führung

Hofbauer, Kauer
Einstieg in die Führungsrolle
Praxisbuch für die ersten 100 Tage
5., erweiterte Auflage
320 Seiten. Gebunden
€ 29,99. ISBN 978-3-446-44040-1

Auch einzeln als E-Book erhältlich
€ 23,99. E-Book-ISBN 978-3-446-45026-4

»Dieses Buch erscheint nun nach sechs Jahren bereits in der fünften Auflage: Dies zeigt, dass die Autoren damit die Bedürfnisse der Leser voll und ganz getroffen haben und es mittlerweile – meiner Meinung zu Recht – zu den Standardwerken der Führungsliteratur zählt. In vielen Unternehmen wird das Buch neuen Führungskräften beim Start empfohlen oder sogar überreicht.

Mit der kontinuierlichen Weiterentwicklung der Inhalte, diesmal mit dem Kapitel ›Führen im Generationenkontext‹ oder auch bei der vierten Auflage mit dem Thema ›Laterales Führen‹, stellen sich die Autoren auch den aktuellen Entwicklungen.«
Ralph Linde, Leiter Personalentwicklung Volkswagen Konzern

Mehr Informationen finden Sie unter **www.hanser-fachbuch.de**

HANSER

In 7 Zügen zum Unternehmer!

Grichnik
Entrepreneurial Living
Unternimm dein Leben
In 7 Zügen zur Selbstständigkeit
232 Seiten. Gebunden
€ 24,99. ISBN 978-3-446-44631-1

Auch einzeln als E-Book erhältlich
€ 19,99. E-Book-ISBN 978-3-446-44972-5

Egal, ob wir uns vornehmen, das neue Amazon zu entwickeln, eine Bar zu eröffnen oder mit unseren Freunden ein Hilfswerk ins Leben zu rufen: Es gibt tausend Gründe, um zu gründen – und in uns allen steckt ein Unternehmer!

Dieses Buch zeigt in sieben Zügen, was es braucht, um sich mit Humor und Freude an das unternehmerische Leben heranzuwagen und das persönliche Glück in der Eigenverantwortung zu finden.

»Ein exzellenter Leitfaden zum Start der eigenen Unternehmerkarriere. Einfach anzuwenden, unterhaltsam und vielfach erprobt mit Unternehmern an der Universität St. Gallen.«
Prof. Dr. Miriam Meckel, Chefredakteurin der Wirtschaftswoche

HANSER

Wecke die 7 Kreativen in dir!

Friesike, Gassmann
Kreativcode
Die sieben Schlüssel für persönliche und berufliche Kreativität
200 Seiten
€ 14,99. ISBN 978-3-446-44557-4

Auch als E-Book erhältlich
€ 11,99. E-Book-ISBN 978-3-446-44610-6

Wir alle tragen den Kreativcode in uns, doch wir lassen unsere Kreativität zu oft verkommen. Im Laufe unserer Kindheit, unserer Jugend und auch noch im Erwachsenenalter wird sie durch die unterschiedlichsten Zwänge unterdrückt, bis sie vollkommen verschwunden ist. Doch wer nicht versucht, kreativ zu sein und neue Problemlösungen zu entwickeln, läuft Gefahr, bald selbst zum Problem zu werden.

Unser Kreativcode lässt sich auf sieben grundlegende Eigenschaften reduzieren, auf sieben Eigenschaften, die jeweils einen ganz eigenen Charakter darstellen: der Künstler, der Rebell, der Enthusiast, der Asket, der Träumer, der Imitator und der Virtuose. Wenn wir alle sieben Eigenschaften vereinen, dann sind wir KREATIV! Dieses Buch zeigt – überaus anschaulich und unterhaltsam – was diese Charaktere ausmacht und wie sie der Leser selbst entschlüsseln kann.

Mehr Informationen finden Sie unter **www.hanser-fachbuch.de**

HANSER

Ungehemmte Problemlösung

Mack
**Muster durchbrechen – Neue Kreativität finden
– Probleme lösen
Mit systemischem Denken zum Erfolg**
280 Seiten. Pappband
€ 26,43. ISBN 978-3-446-44929-9

Auch einzeln als E-Book erhältlich
€ 21,99. E-Book-ISBN 978-3-446-44975-6

Die Lösung für eine Fragestellung ist auf das begrenzt, was wir momentan denken können. Unter Stress engt sich unser Blickwinkel dann noch auf die Reproduktion von Mustern ein. Doch genau in solchen Situationen ist eine hohe Problemlösekompetenz gefragt! Wir müssen also unsere gewohnten Denkmuster durchbrechen, um neue Ideen entwickeln zu können.

Wie das funktionieren kann, zeigt dieses Buch. Anhand von gezielten Fragen, Perspektivenwechsel und Stören des Gewohnten wird der Leser nach und nach dazu befähigt, die eigene Denk- und Reflexionsfähigkeit zu entdecken und zu stärken. Dabei werden 48 hemmende Denkmuster vorgestellt (z.B. sich selber im Weg stehen oder wenn Feindbilder wirken) und gezeigt, wie diese überwunden werden können.

Mehr Informationen finden Sie unter **www.hanser-fachbuch.de**